普通高等院校土木专业"十三五"规划精品教材

基于 BIM 的土建类毕业设计
（结构方向）

主　编　卫　涛　何建丽　孔得超

副主编　黄殷婷　陈星任　曹　浩

参　编　沈佳燕　何　玭　何丽芳
　　　　　徐　瑾　杜重远　刘　雄

U0302770

华中科技大学出版社
中国·武汉

内 容 提 要

本书以一个真实项目来介绍土建类基于BIM的毕业设计（结构方向）完成的全过程。该选题以一栋地上15层的高层建筑为例，介绍在使用BIM技术的条件下，运用Revit软件进行结构设计的一般流程。本书内容深入浅出、通俗易懂，使读者更深刻地巩固所学知识、更好地进行设计与绘图操作。另外，作者为本书录制了近12小时的高清教学视频，以帮助读者更加高效地学习。

本书共分为7章，介绍了桩、垫层、承台、筏板、扩展基础、基础梁、框架柱、剪力墙、框架梁、次梁、悬挑梁、楼板、屋面的斜梁、屋面的斜板等结构专业构件的制作，完全按照房屋设计的过程，来描述建模、绘图、出图、算量的方式和方法。本书着重介绍了族的建立、插入、修改、统计的过程，族与各类型构件之间的对应关系，针对作为难点的参数内容，进行区分讲解，如实例参数与类型参数、族参数与共享参数。

本书内容翔实、实例丰富、结构严谨、讲解细腻，特别适合大中专院校、培训班的教师与学生以及结构设计、建筑设计相关的从业人员使用；也可供房地产开发、建筑施工、工程造价、建筑表现相关从业人员使用。

图书在版编目(CIP)数据

基于BIM的土建类毕业设计.结构方向/卫涛,何建丽,孔得超主编. —武汉:华中科技大学出版社,2019.12

普通高等院校土木专业"十三五"规划精品教材

ISBN 978-7-5680-5194-1

Ⅰ.①基… Ⅱ.①卫… ②何… ③孔… Ⅲ.①建筑结构-结构设计-计算机辅助设计-应用软件-毕业实践-高等学校-教材 Ⅳ.①TU201.4

中国版本图书馆CIP数据核字(2019)第184377号

基于BIM的土建类毕业设计(结构方向)　　　　　卫　涛　何建丽　孔得超　主编

Jiyu BIM de Tujianlei Biye Sheji(Jiegou Fangxiang)

策划编辑：周永华　　　　　　　　　　　　　　　　　　责任校对：张会军

责任编辑：周永华　　　　　　　　　　　　　　　　　　责任监印：朱　玢

封面设计：原色设计

出版发行：华中科技大学出版社（中国·武汉）　　　电话：(027)81321913

　　　　　武汉市东湖新技术开发区华工科技园　　　邮编：430223

录　　排：华中科技大学惠友文印中心

印　　刷：武汉华工鑫宏印务有限公司

开　　本：850mm×1065mm　1/16

印　　张：15.75

字　　数：333千字

版　　次：2019年12月第1版第1次印刷

定　　价：49.80元

本书配套下载资源及获取方式

为了方便读者高效学习,本书特意提供以下配套下载资源。

□ 12 小时同步 AVI 教学视频。

□ 本书案例的 CAD 图纸文件。

□ 本书案例分步骤 RVT 项目文件。

□ 本书案例的 RFA 族文件。

□ 本书涉及的 PDF 图集文件。

□ 建筑与结构专业的 SketchUp 模型(方便读者从三维角度来了解此栋建筑)。

本书高清教学视频观看路径

手机端:使用微信扫描课程二维码,并添加到微信的收藏中,即可随时随地进入课堂。

PC 端:华中科技大学出版社官网(http://www.hustp.com/)→资源中心→建筑分社→在搜索框中切换类别为"课程名称",输入书名即可查阅本书资源。

课程二维码

本书配套下载资源获取路径

华中科技大学出版社官网(http://www.hustp.com/)→资源中心→建筑分社→在搜索框中切换类别为"图书名称",输入书名搜索本书信息,在内容简介中按照提示下载本书配套下载资源。

资源二维码

主 编 简 介

卫涛　1999 年毕业于武汉城市建设学院城市规划与建筑系。Autodesk 认证 Revit 讲师、城乡规划讲师、建筑工程师。国内建筑软件教学的先行者与开拓者。拥有 11 年建筑设计院一线工作经验,9 年高校土建相关本科专业一线教学经验。研究方向为基于 BIM 的设计软件在建筑专业中的发展与应用。曾经出版过 SketchUp、AutoCAD、天正建筑、PKPM、Revit、3ds Max、V-Ray、房屋建筑学和装配式建筑等方面的近 30 部技术图书。创办了卫老师环艺教学实验室,并制作了大量建筑、结构、给排水、电气、造价和 BIM 等领域的高质量教学视频。参加过卫老师环艺教学实验室远程培训的学员数以万计,不仅遍布祖国各地,而且还有数百位海外学子利用便利的网络进行深造。

何建丽　毕业于中国人民解放军南京陆军指挥学院。Autodesk 认证 Revit 工程师。拥有十余年建筑工程资料管理经验。曾参与武汉园博园、CBD 楚世家、光谷青年城、康卓新城、3604 工厂扩建、灿光光电总部研发生产基地、武汉为侨服务产业园、鞍钢钢材配送(武汉)办公楼、周大福文化产业园等项目的全程资料管理工作。研究方向为基于 BIM 的建筑工程资料信息化集成管理模式。

孔得超　2008 年毕业于湖北城市建设职业技术学院工程造价专业。Autodesk 认证 Revit 工程师、中华人民共和国注册建造师。拥有十余年土建专业一线工作经验,主持了武汉华夏理工学院综合楼项目、人福医药厂房项目、当代安普顿小镇住宅项目、当代科技园项目等十余个大型工程。研究方向为基于 BIM 的建筑施工与管理实施。

总　序

教育可理解为教书与育人。所谓教书,不外乎是教给学生科学知识、技术方法和运作技能等,教学生以安身之本。所谓育人,则要教给学生做人道理,提升学生的人文素质和科学精神,教学生以立命之本。我们教育工作者应该从中华民族振兴的历史使命出发,来从事教书与育人工作。作为教育本源之一的教材,必然要承载教书和育人的双重责任,体现两者的高度结合。

中国经济建设高速持续发展,国家对各类建筑人才需求日增,对高校土建类高素质人才培养提出了新的要求,从而对土建类教材建设也提出了新的要求。这套教材正是为了适应当今时代对高层次建设人才培养的需求而编写的。

一部好的教材应该把人文素质和科学精神的培养放在重要位置。教材中不仅要从内容上体现人文素质教育和科学精神教育,而且还要从科学严谨性、法规权威性、工程技术创新性来启发和促进学生科学世界观的形成。简而言之,这套教材有以下特点。

一方面,从指导思想来讲,这套教材注意到"六个面向",即面向社会需求、面向建筑实践、面向人才市场、面向教学改革、面向学生现状、面向新兴技术。

二方面,教材编写体系有所创新。结合具有土建类学科特色的教学理论、教学方法和教学模式,这套教材进行了许多新的教学方式的探索,如引入案例式教学、研讨式教学等。

三方面,这套教材适应现在教学改革发展的要求,提倡所谓"宽口径、少学时"的人才培养模式。在教学体系、教材编写内容和数量等方面也做了相应改变,而且教学起点也可随着学生水平做相应调整。同时,在这套教材编写中,特别重视人才的能力培养和基本技能培养,适应土建专业特别强调实践性的要求。

我们希望这套教材能有助于培养适应社会发展需要的、素质全面的新型工程建设人才。我们也相信这套教材能达到这个目标,从形式到内容都成为精品,为教师和学生,以及专业人士所喜爱。

中国工程院院士　王思敬

前　言

　　毕业设计教学过程是完成培养计划、实现培养目标的一个非常重要的环节,是学习深化与升华的重要过程,是学生学习、研究与实践成果的全面总结。毕业设计教学工作可以培养学生综合运用所学知识解决工程实际问题的能力,培养学生优良的思维模式,培养勇于探索、勇于实践和开拓创新的精神。尤其是工科院校,在毕业设计教学工作环节,对学生创新思维和创新能力的培养方面具有得天独厚的条件和优势,这是因为大学期间毕业设计教学环节是任何其他教学环节或课程所无法比拟与替代的,没有哪门课程或哪个教学环节能如此全面地训练学生的各种能力、强化素质教育。毕业设计环节是每一个学生必须完成的,每个学生由一名指导教师指导,完成一个题目,该题目完全由学生独立完成,而每个学生完成的标准也不同,可以说具备个性培养与创新教育的充分条件。毕业设计也是所有教学环节中时间最长的,基本上长达一个学期,使得综合训练在时间上能充分保证。因此毕业设计是有条件且易实施创新教育的环节之一,也是现阶段实施创新教育的重要突破口。

　　从2014年开始,在住房城乡建设部的大力推动下,各省、市、自治区相继就BIM的推广应用制定了相关政策。到目前,我国已初步形成BIM技术应用标准体系,为BIM的快速发展奠定了坚实的基础。2016年是BIM政策的"井喷年",各地纷纷出台BIM推广意见。目前的BIM指导意见提出的规划目标的时间节点是2020年末,要求在新立项项目的勘察设计、施工、运营维护中,集成应用BIM的项目比重达到90%。中华人民共和国自然资源部和各地建设主管部门也在加快相关配套政策的制定与发布,加快推广BIM技术应用。目前已出台三项BIM标准,《建筑信息模型应用统一标准》(GB/T 51212—2016)、《建筑信息模型分类和编码标准》(GB/T 51269—2017)和《建筑信息模型施工应用标准》(GB/T 51235—2017),另有《建筑工程信息模型存储标准》正在编制中,《建筑工程设计信息模型交付标准》与《制造工业工程设计信息模型应用标准》正在报批中。随着我国BIM标准的制定和不断完善,我国BIM技术的发展会进一步加快。

　　2018年的两会举世瞩目,令人惊喜的是,两会代表提出了高校土建类专业增加BIM技术课程的提案,为BIM技术的普及应用奠定了良好的人才基础。各大院校比较普遍的做法是在计算机辅助设计课程体系中增加一门Revit软件操作基础课,增加一门BIM应用技术的专业课,在毕业设计中增加BIM方向的选题。作者在2016年已经在学院工程管理专业中指导了4个学生的BIM方向的毕业设计,2017年指导学生的人数上升到10人,2018年增加了在地铁站建设项目中应用BIM技术的题目,2019年增加了BIM与装配式建筑相结合的题目。所有题目均基于真实项目,项目类型有高层住宅、酒店、医院、科研楼、大学生活动中心、综合楼、大学系馆以及地铁站等,积累了宝贵的经验。

目前使用 Revit 设计的土建类(建筑专业＋结构专业)BIM 模型大致分为两种类型:分专业与合专业。分专业指建筑专业、结构专业各有一个模型,合专业指建筑专业与结构专业合在一个模型中。笔者一直采用分专业的方式,优势是可以分专业统计工程量、分专业输出施工图;缺点是两个模型有一些重复的工作量。这个图书系列采用的是一个案例,分建筑、结构两个专业。本书针对的是结构专业,毕业设计的题目暂定为"×××建筑信息模型(BIM)设计(结构专业)"。

本书特色

☐ 长达 12 小时的高清教学视频并配同步讲解,以加深理解。

☐ 多专业之间的分工协作,以了解设计院的工作模式。

☐ 以"族"为核心的主导思路,以快速掌握 Revit 软件。

☐ 知其然更要知其所以然的教学方式,以掌握多变的建筑形式。

☐ 真实的典型案例,以针对毕业设计之后马上面临的实际工作。

☐ 使用快捷键的作图习惯,以提高作图效率。

☐ 以专门的 QQ 群(群号为157244643)提供售后服务,以扫清读者最后的疑惑。

适合阅读本书的读者

☐ 土木工程、建筑学、工程管理、工程造价和城乡规划等相关专业的大中专院校学生。

☐ 土木工程、建筑学、工程管理、工程造价和城乡规划等相关专业的大中专院校教师。

☐ 从事建筑设计的人员。

☐ 从事结构设计的人员。

☐ 从事给排水、暖通、电气设计的人员。

☐ 从事 BIM 室内设计的人员。

☐ Revit 二次开发人员。

☐ 房地产开发人员。

☐ 建筑施工人员。

☐ 工程造价从业人员。

☐ 建筑表现从业人员。

☐ 建筑软件、三维软件爱好者。

☐ 需要一本案头必备查询手册的人员。

本书由武汉华夏理工学院卫涛、中宏建设集团有限公司何建丽、武汉市新洪建筑工程有限公司孔得超担任主编,由黄殷婷、陈星任、曹浩担任副主编,由沈佳燕、何玭、何丽芳、徐瑾、杜重远、刘雄担任参编。参加编写的人员还有陈帅、邹芷琪、陈兴芳、陈晓慧、胡艳、朱爱玲、高静雯、汤梦晗、杜维月、徐梦瑶、李科瑶、邓千丽、程邓昕、李婉秋、柳志龙、张润东、李容、刘依莲、阳桥。本书的编写承蒙武汉华夏理工学院领导、同仁的支持与关怀！要感谢武汉华夏理工学院科研部的老师们对此书研究方向提出宝贵的意见与诚恳的建议！还要感谢华中科技大学出版社的编辑在本书的策划、编写与统稿中所给予的帮助！

虽然我们对本书中所述内容都尽量核实，并多次进行文字校对，但因时间所限，书中可能还存在疏漏和不足之处，恳请读者批评指正。

卫　涛

于武汉光谷

目　　录

第1章　布置毕业设计的任务

　　毕业设计是指本科院校中工科专业的学生毕业前夕应完成的总结性的独立作业，也是实践性教学的最后一个环节，旨在培养学生综合运用所学理论知识和技能解决实际问题的能力。在老师的指导下，学生就选定的课题进行工程设计和研究，涉及设计、计算、绘图、工艺技术、经济论证以及合理化建议等，最后提交一份报告。应尽量选与生产、科学研究任务结合的真实题目，亦可做模拟的题目。学生只有在完成教学计划所规定的理论课程、课程设计与实习，经考试、考查合格后才可进行毕业设计。毕业设计也是评定毕业成绩的重要依据，学生通过进行毕业设计答辩，成绩评定合格才能毕业。

　　基于 BIM 的结构设计是土木工程及相关学科近年来的热门毕业设计选题方向。这样的选题可以让学生在一个学期的毕业设计学习中为以后的社会工作打下坚实的基础。

1.1　设计任务书

　　设计任务书亦称"计划任务书"或"设计计划任务书"，是确定毕业设计方向、内容和要求的基本文件。它只是对毕业设计成果的主要方面和基本问题勾画出一个雏形，还不能对成果的具体模式、格局、结构等做出详尽的安排。

1.1.1　设计条件

　　毕业设计的指导老师提供各层平面图（可能包括地下室平面图）、屋顶平面图、四个方向的立面图、至少1张剖面图、各类型详图、装修表、门窗表等。这些内容将作为毕业设计的直接依据。学生不需要再进行建筑设计，只需针对图纸使用 Revit 软件进行 BIM 模型（结构专业方向）的设计。

　　基于 BIM 的课题是理论联系实际、运用理论知识解决实际工程问题的课题。要求运用所学的理论知识，结合相关的规范、质量管理标准，进行 BIM 模型的设计工作，做到功能合理、因地制宜。充分发挥想象力和创造力，解决好 BIM 模型的包容性、可视性、集成性问题。

　　土建类相关专业是实践性非常强的专业，毕业设计要为即将到来的实际工作打下坚实的基础。在住房城乡建设部明确要求使用 BIM 模型取代传统图纸的情况下，选择 BIM 方向作为毕业设计的选题方向显得顺理成章，而且势在必行。

　　毕业设计的时间一般在四年制本科（土木工程、工程管理、工程造价等）的第8学期,时长为 13 周至 15 周。可以根据学生的水平和教学进度合理调配每周的任务,一般的时间安排如下。

第一周,学习 Revit 结构设计。

第二周,学习 Revit 族的设计。

第三周,设计项目中的族。

第四周,设计项目中的轴网与标高。

第五周,设计项目中的基础。

第六周,设计项目中的柱。

第七周,设计项目中的剪力墙。

第八周,设计项目中的梁。

第九周,设计项目中的楼板。

第十周,设计项目中的屋顶。

第十一周,设计项目中的楼梯。

第十二周,结构与建筑专业模型检查。

第十三周,统计项目中结构专业的工程量。

第十四周,装订成册,制作演示用 PPT,准备答辩。

1.1.2 设计要求

运用 BIM 技术,统一使用 Autodesk(欧特克)公司的 Revit 软件,根据老师提供的施工图文件进行建筑信息模型(BIM)设计(结构专业)。具体要求如下。

(1) 尽量少用或不用"内建模型"命令建模。因为用"内建模型"命令建立的模型没有族类型,如图 1.1 所示。这样无法对构件进行标注,无法生成施工图。

图 1.1 内建模型

（2）使用标记与标注，让建筑信息模型集成建筑施工图，如图 1.2 所示。这是 BIM 技术集成性的一个体现。

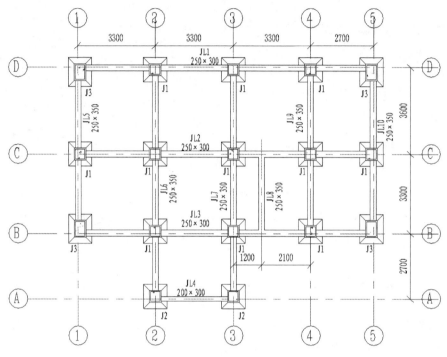

图 1.2　BIM 模型集成施工图

（3）使用"明细表/数量"和"材质提取"命令，可以统计出结构专业相关工程量。使用"材质提取"命令统计的"结构-基础材料统计"，如图 1.3 所示。使用"明细表/数量"命令统计的"柱下杯口式基础表"，如图 1.4 所示。

图 1.3　结构-基础材料统计

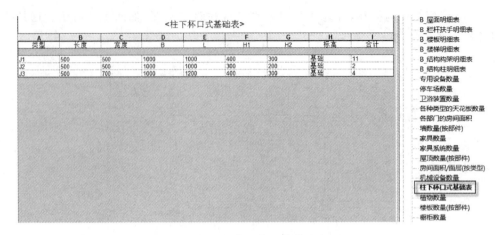

<柱下杯口式基础表>

类型	长度	宽度	B	L	H1	H2	标高	合计
J1	500	500	1000	1000	400	300	基础	11
J2	500	500	1000	1000	300	200	基础	2
J3	500	700	1000	1200	400	300	基础	4

B_屋面明细表
B_栏杆扶手明细表
B_楼板明细表
B_楼梯明细表
B_结构构架明细表
B_结构柱明细表
专用设备数量
停车场数量
卫浴装置数量
各种类型的天花板数量
各部门的房间面积
墙数量(按部件)
家具数量
家具系统数量
屋顶数量(按部件)
房间面积/面层(按类型)
机械设备数量
柱下杯口式基础表
植物数量
楼板数量(按部件)
橱柜数量

图 1.4　柱下杯口式基础表

(4) 提交的成果。提交的成果有 RVT 项目文件、RFA 族文件、XLS 表格(统计结构专业的工程量)、PPT 演示文档。

1.2　基本设置

本节主要介绍对设计任务书有所了解之后,如何对 Revit 软件进行一些设置工作,以方便后续的设计作图。由于 Revit 是美国 Autodesk 公司开发的,因此与我国的制图要求有一些差距,需要设计人员根据项目的具体情况进行调整,如标高与轴网等。

1.2.1　结构标高

本小节建族的方法是,打开一个现有的标高族,对其进行修改,然后另存为族文件,得到自己需要的族。具体操作如下。

(1) 建立结构标高族。单击【应用程序】→【打开】,然后依次单击【注释】→【符号】→【建筑】文件夹,选择族文件"标高标头_下.rfa",如图 1.5 所示。

(2) 调整结构标高标签。单击【名称】,单击【属性】对话框中的【编辑】按钮,然后在弹出的【编辑标签】对话框的【前缀】栏中输入"结构:"字样,在【后缀】栏中输入"层"字样,单击【确认】按钮,如图 1.6 所示。此时可以观察到,屏幕操作区的标高标头的文字变为"结构:名称层"字样,如图 1.7 所示。

(3) 另存为结构标高。单击【文件】→【另存为】→【族】,在弹出的【另存为】对话框中将已经调整好的标高标头文件另存为"结构标高标头"RFA 族文件,如图 1.8 所示。

(4) 进入南立面图。在【项目浏览器】面板中,删除【视图】→【结构平面】栏下的"标高 1-分析""标高 2""标高 2-分析"三个结构平面,只保留"标高 1"结构平面视图,

注意:建好结构专业的标高标头族,以便于标高系统中标高格式的统一。用户只须修改名称即可得到相应的标高名称。

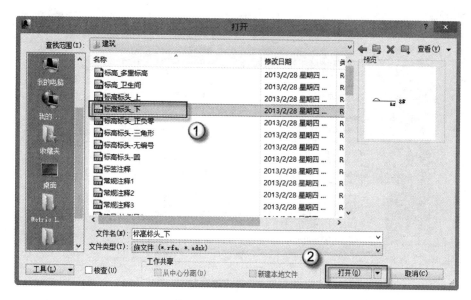

图 1.5　建立结构标高族

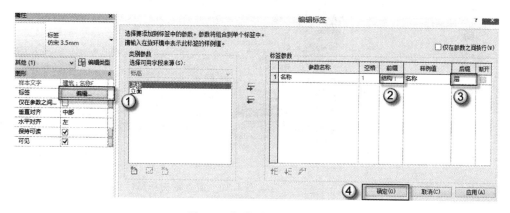

图 1.6　调整结构标高标签

图 1.7　结构标高

单击【视图】→【立面】→【南】选项，进入南立面视图，如图 1.9 所示。

（5）插入结构标高标头族。单击【插入】→【载入族】，在弹出的【载入族】对话框中选择前面制作好的"结构标高标头"RFA 族文件，单击【打开】按钮以载入项目之中，如图 1.10 所示。

（6）调整标高类型。在【视图】中选择"标高 1"，在【属性】面板中单击【编辑类型】按钮，在弹出的【类型属性】对话框中，设置【符号】为"结构标高标头"，如图 1.11 所示。完成后，标高形式如图 1.12 所示。可以观察到，标高带有"结构"这样的专业字样。

注意：载入族之后，项目中确实没有任何反应，这是正常的。只有执行相应的命令后，新载入的族才会出现在界面中

图 1.8 另存为结构标高

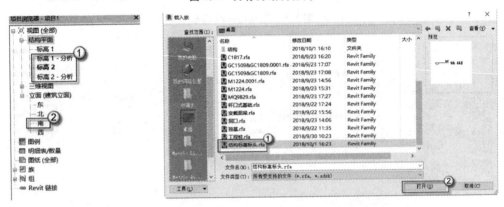

图 1.9 进入南立面视图　　　　　**图 1.10 载入结构标高标头族**

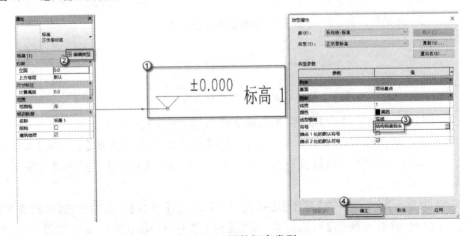

图 1.11 调整标高类型

0.000　结构：标高 1层

图 1.12　结构标高

（7）设置 2 层结构专业的标高。整栋高层建筑的结构专业的标高如表 1.1 所示,可以根据此表格来绘制项目的结构标高。单击标高中的"0.000"字样,输入"5.37",如图 1.13 所示。单击标高中的"1"字样,输入"2",如图 1.14 所示。完成后按下【Enter】键,会弹出【Revit】对话框,单击【是】按钮,如图 1.15 所示。此时可以观察到,标高与【项目浏览器】面板中的"结构平面"相对应,如图 1.16 所示。

表 1.1　结构专业标高

层号	结构标高/m	层高/m
桩顶	−3.200	—
基础顶面	−1.700	—
2	5.370	4.5
3	9.870	2.800
4	12.670	2.800
5	15.470	2.800
6	18.270	2.800
7	21.070	2.800
8	23.870	2.800
9	26.670	2.800
10	29.470	2.800
11	32.270	2.800
12	35.070	2.800
13	37.870	2.800
14	40.670	2.800
15	43.470	2.800
屋顶	46.270	—

图 1.13　修改标高数值

图 1.14　修改标高名称

图 1.15 重命名视图

图 1.16 标高与结构平面相对应

(8) 复制生成 3 层标高。选择 2 层标高,按下【CO】键,发出"复制"命令,勾选"约束"选项,向上复制标高,并输入"4500"个单位,如图 1.17 所示。完成后,可以观察到 3 层标高自动生成,不需要更改标高名称,如图 1.18 所示。

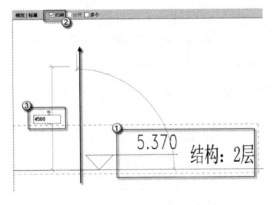

图 1.17 向上复制生成 3 层标高

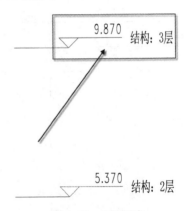

图 1.18 3 层标高

注意:4 层～15 层共有 12 层,屋顶层是 1 层,然后还需要加上作为基准的第 3 层,12+1+1=14。因此【项目数】一栏中应当填写"14"。

(9) 阵列生成 4 层～屋顶层标高。选择 3 层标高,按下【AR】键,发出"阵列"命令,去掉"成组并关联"的勾选,在【项目数】栏中输入"14",勾选"约束"选项,向上阵列的过程中输入"2800"个单位,如图 1.19 所示。完成后,可以观察到生成了 4 层～16 层的标高,如图 1.20 所示。本栋高层建筑一共 15 层,"16 层"的写法有误,应当是"屋顶层",需要修改。

(10) 修改生成屋顶层标高。单击 16 层标高,在输入栏中输入"屋顶"字样,如图 1.21 所示。这样可以生成屋顶层的标高。

(11) 复制地下的 2 个标高。选择 2 层标高,按下【CO】键,发出"复制"命令,勾选"约束"与"多个"两个选项,向下复制 2 个标高,如图 1.22 所示。

(12) 修改生成桩顶层标高。选择 18 层标高,修改标高名称为"桩顶",修改标高

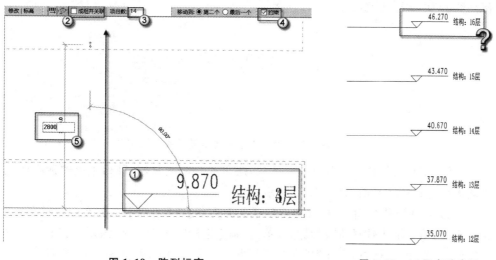

图 1.19　阵列标高

图 1.20　16 层名称有误

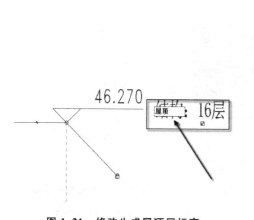

图 1.21　修改生成屋顶层标高

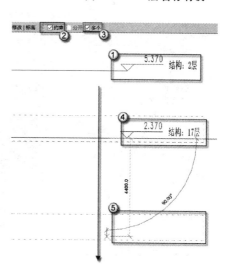

图 1.22　向下复制标高

数值为"－3.200"，如图 1.23 所示。

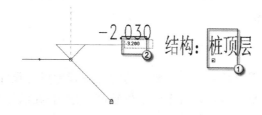

图 1.23　修改生成桩顶层标高

（13）修改生成基础顶层标高。选择 17 层标高，修改标高名称为"基础顶"，修改标高数值为"−1.700",如图 1.24 所示。

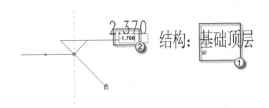

图 1.24 修改生成基础顶层标高

在【视图】→【结构平面】栏中,只有"2"层平面。刚刚复制、阵列生成的标高在此处均无对应的结构平面,如图 1.25 所示。

(14)生成结构平面。单击【视图】→【平面视图】→【结构平面】,在弹出的【新建结构平面】对话框中选择所有的标高,单击【确定】按钮,如图 1.26 所示。完成后可以观察到在【视图】→【结构平面】栏中有了所需的结构平面视图,如图 1.27 所示。

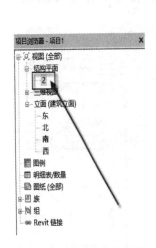

图 1.25 无对应结构平面 图 1.26 新建结构平面 图 1.27 生成结构平面

说明:在 Revit 中有两种方法生成标高,一是使用"标高"命令(快捷键是【LL】);二是对已有的标高使用"复制"或"阵列"命令。只有用"标高"命令生成的新标高,在结构平面中才有与其对应的结构平面视图,否则只能使用【视图】→【平面视图】→【结构平面】生成结构平面视图。

1.2.2 定位轴网

建筑平面定位轴网是确定房屋主要结构构件位置和标志尺寸的基准线,是施工放线和安装设备的依据。确定建筑平面定位轴网的原则:在满足建筑使用功能要求的前提下,统一与简化结构、构件的尺寸和节点构造,减少构件类型的规格,扩大预制构件的通用与互换性,提高施工装配化程度。

（1）轴网的设置。在【项目浏览器】面板中单击【视图】→【结构平面】→【桩顶】，进入桩顶结构平面视图，如图1.28所示，将在这个结构平面视图中绘制轴网。按下【GR】键，发出"轴网"命令，在【属性】面板中单击【编辑类型】按钮，在弹出的【类型属性】对话框中设置【轴线中段】为"连续"，勾选"平面视图轴号端点2"选项，单击【确定】按钮完成操作，如图1.29所示。

注意：在Revit中，只要一个结构平面绘制了轴网，所有的结构平面中都会显示出来。但是设计师一般会在最低的结构平面中绘制轴网，这是因为在施工中就是在建筑物最低的位置进行轴网放线，然后再向上砌筑建筑物。

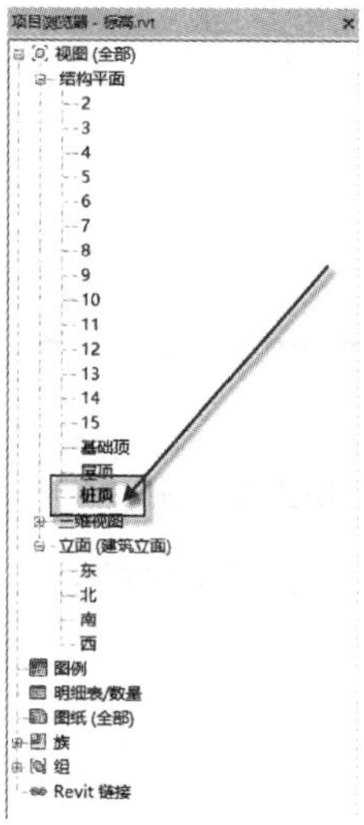

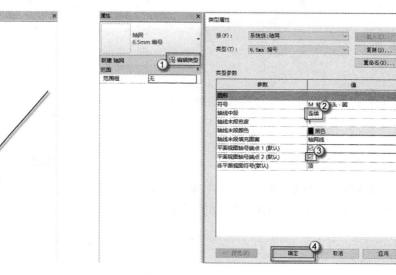

图1.28 进入桩顶结构
平面视图

图1.29 设置轴网

（2）绘制①轴。从上至下，沿着竖直方向绘制①轴，如图1.30所示。在我国的制图标准中，竖直方向是数字轴，水平方向是字母轴。

（3）复制生成②轴。选择①轴，按下【CO】键，发出"复制"命令，勾选"约束"和"多个"两个选项，向右移动光标，并输入"4482"字样，如图1.31所示。

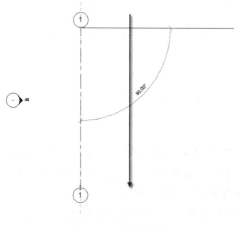

图1.30 绘制①轴

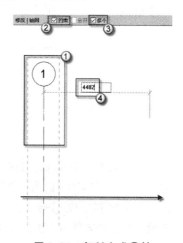

图1.31 复制生成②轴

（4）复制生成③轴。选择刚生成的②轴，按下【CO】键，发出"复制"命令，向右移动光标，并输入"2700"字样，如图 1.32 所示。

（5）复制生成④轴。选择刚生成的③轴，按下【CO】键，发出"复制"命令，向右移动光标，并输入"1600"字样，如图 1.33 所示。

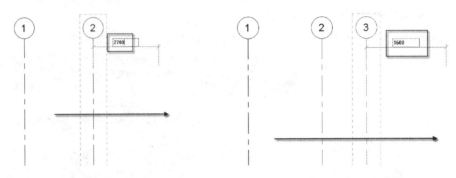

图 1.32　复制生成③轴　　　　　　图 1.33　复制生成④轴

数字轴①～⑭轴的轴网完成后，如图 1.34 所示。可以观察到建筑物的总面宽为 26482 mm，可以参看本书配套的结构施工图。

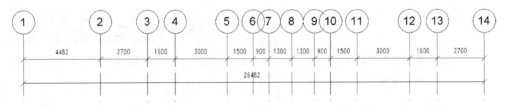

图 1.34　完成数字轴网

注意:用 Revit 绘制轴网时，软件会按照数字从小到大依次分配数字轴线的名称，而不会出现字母轴。因此需要设计者将数字更改为字母。

（6）绘制Ⓐ轴。按下【GR】键，发出"轴网"命令，从左向右沿水平方向绘制一条轴线，软件会自动分配轴线的名称为⑮轴，如图 1.35 所示。双击⑮轴的名称，在数值栏中输入"A"字样，如图 1.36 所示，这样可以将第一根水平轴线命名为Ⓐ轴。

注意:ⒶⒷⒸⒹ这样的轴线为主轴线;而①/A ①/B ①/C 为附加轴线。附加轴线是在两条主轴线之间，遇到较小局部变化时的一种特殊表示方法。

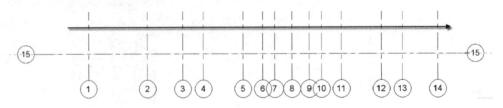

图 1.35　绘制水平轴线

（7）复制生成Ⓑ轴。选择Ⓐ轴，按下【CO】键，发出"复制"命令，向上移动光标，并输入"4800"字样，如图 1.37 所示。这样会自动生成Ⓑ轴，而不需要手动更改名称。

（8）复制生成①/B 轴。选择Ⓑ轴，按下【CO】键，发出"复制"命令，向上移动光标，并输入"750"字样，如图 1.38 所示。此时会自动生成Ⓒ轴，双击Ⓒ轴的名称，修改名称为"1/B"，如图 1.39 所示。

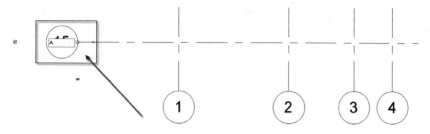

图 1.36　更改轴线名称

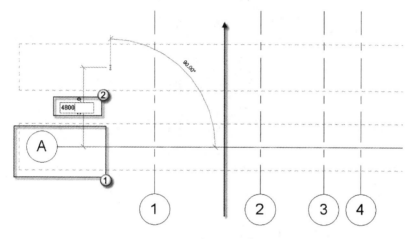

图 1.37　复制生成Ⓑ轴

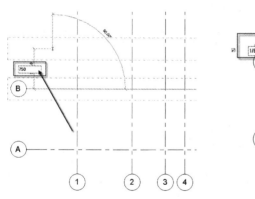

图 1.38　复制轴线

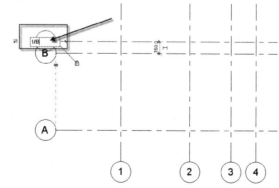

图 1.39　更改轴线名称

使用同样的方法可以将字母轴完成,此处不再赘述。字母轴网绘制完成后,如图 1.40 所示,可以观察到建筑物的总进深为 15000 mm。字母轴是从Ⓐ轴开始的水平轴线,自下向上生成。整体轴网绘制完成,如图 1.41 所示。

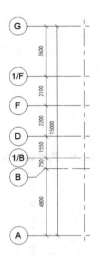

图 1.40 字母轴网

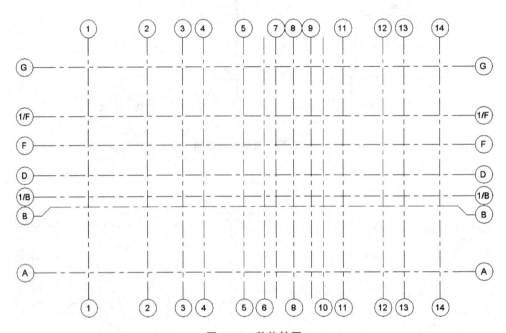

图 1.41 整体轴网

第2章 地下基础

在正式使用 Revit 进行建筑设计、结构设计之前，要先进行一些准备工作，比如绘图单位的设置、模板文件的选择、项目地点的定位、所在地域气象条件的录入等。建筑设计并不是简单的砌筑工作，而是需要综合考虑气候、环境、地理等因素，何况在 BIM 技术的要求下，需要提供建筑全周期的项目文件，这不是 AutoCAD 那样简单的操作模式可以比拟的。

Revit 绘图有自身独到之处，其中最重要的一个就是族。如果不理解族，就无法建族；无法建族，就无法深入使用 Revit。本章介绍了 Revit 中的以族为核心的绘图概念，帮助读者掌握基本方法，快速入门。

2.1 制作基础族

族是 Revit 中的核心功能之一。可以帮助设计者更方便地管理和修改搭建的模型。每个族文件内都含有很多的参数和信息，如尺寸、形状、类型和其他的参数变量，便于修改项目。

拥有大量的族文件，将对设计工作进程和效益有很大的帮助。设计者不必另外花时间去制作族文件、赋予参数，可直接导入相应的族文件，并应用于项目中。族对设计中的修改也很有帮助，如果修改一个族，与之关联的对象会随着一起进行修改，大大提高工作效率。

2.1.1 定义承台族

承台指的是为承受由墩身传递的荷载，在基桩顶部设置的连接各桩顶的钢筋混凝土平台。承台是桩与墩联系的部分。承台把几根，甚至十几根桩联系在一起形成桩基础。承台的形状根据实际施工需求，有矩形、多边形等。在 Revit 中，模型由族组成，不同形状的承台需建立不同类型的族。

（1）打开公制结构基础族样板文件。单击【族】→【新建】，在弹出的【新族-选择样板文件】对话框中选择"公制结构基础. rft"文件，单击【打开】按钮，如图 2.1 所示。完成后进入族制作界面，如图 2.2 所示。

（2）绘制水平参照平面。按下【RP】键，发出"参照平面"命令，在【偏移量】栏中输入"500"，沿着水平方向的默认参考线，从左向右画参照平面，如图 2.3 所示，完成后如图 2.4 所示。

（3）绘制竖直参照平面。按下【RP】键，发出"参照平面"命令，在【偏移量】栏中

图 2.1　打开公制结构基础族样板文件

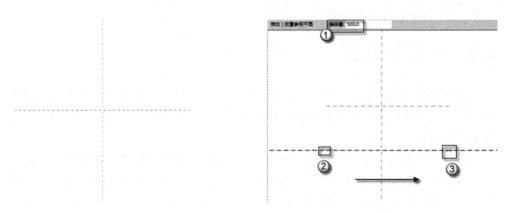

图 2.2　族制作界面　　　　　　　**图 2.3　绘制水平参照平面**

输入"1400",沿着竖直方向的默认参考线,从上向下画参照平面,如图 2.5 所示,完成后如图 2.6 所示。

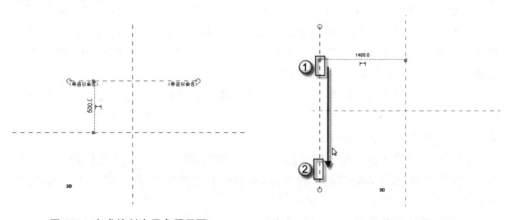

图 2.4　完成绘制水平参照平面　　　　**图 2.5　绘制竖直参照平面**

（4）绘制承台矩形截面。单击【创建】→【拉伸】,进入【修改|创建拉伸】界面,选择"矩形"框,拾取参照平面围合的矩形对角点,绘制承台矩形截面,如图 2.7 所示。

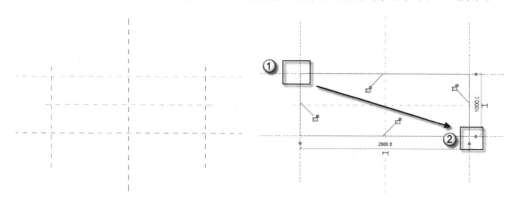

图 2.6　完成绘制竖直参照平面　　　　　　图 2.7　绘制承台矩形截面

（5）确定承台深度。选择承台轮廓,再输入承台深度"−1600",如图 2.8 所示,单击【√】按钮,退出【修改|创建拉伸】界面。在【项目浏览器】面板中单击【视图】→【立面】→【前】,进入前立面视图检查承台高度是否生效,如图 2.9 所示,承台已成功被赋予高度。

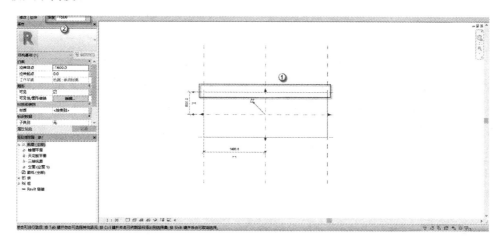

图 2.8　确定承台深度

（6）添加水平尺寸标注。单击【视图】→【楼层平面】→【参照标高】,回到楼层平面。按下【DI】键,发出"对齐尺寸标注"命令,依次选择矩形的两个边界线,并拖标注线到合适的位置,即新的标注不会与原矩形相重叠,如图 2.10 所示,这就是承台长度的尺寸。同样,用上述方法完成承台宽度的标注,完成后如图 2.11 所示。

（7）添加高度尺寸标注。在【项目浏览器】面板中单击【视图】→【立面】→【前】。按下【DI】键,发出"对齐尺寸标注"命令,单击矩形立面的上下两条边线,然后沿着水平方向向左拖拉标注至合适的位置并确定,如图 2.12 所示。完成后如图 2.13 所示。

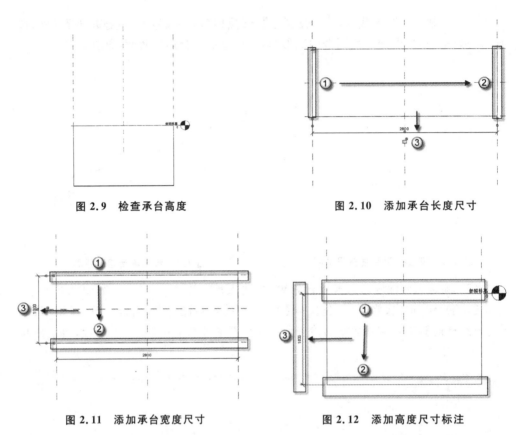

图 2.9　检查承台高度　　　　　图 2.10　添加承台长度尺寸

图 2.11　添加承台宽度尺寸　　　　图 2.12　添加高度尺寸标注

说明:关联尺寸是用 Revit 制作族的关键步骤,可以将对象由"死"的变为"活"的。即制作的族成为"活"族,可以更改尺寸,让其随之变化。

（8）关联承台水平尺寸标注。单击【视图】→【楼层平面】→【参照标高】,回到楼层平面。选择矩形长度标注,然后在【标签】栏的下拉菜单中选择"长度"选项,如图2.14 所示。完成后可以观察到原来的标注变为"长度=2800"字样,这说明尺寸标注关联成功,如图 2.15 所示。同样,用上述方法完成承台宽度尺寸标注的关联,完成后如图 2.16 所示。

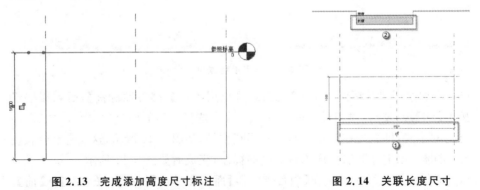

图 2.13　完成添加高度尺寸标注　　　　图 2.14　关联长度尺寸

（9）关联承台高度尺寸标注。在【项目浏览器】面板中单击【视图】→【立面】→【前】,进入前立面视图。选择承台高度标注,单击【创建参数】按钮,出现【参数属性】

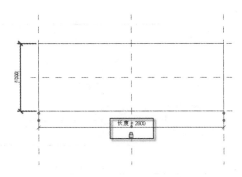

图 2.15　完成关联长度尺寸

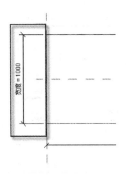

图 2.16　完成关联宽度尺寸

对话框,如图 2.17 所示,在【名称】栏中输入"高度"字样,单击【确定】按钮。完成后可以观察到原来的标注变为"高度＝1600"字样,这说明尺寸标注关联成功,完成后如图 2.18 所示。

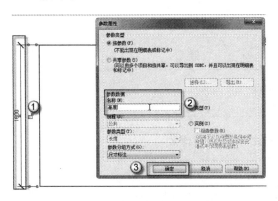

图 2.17　关联承台高度尺寸标注

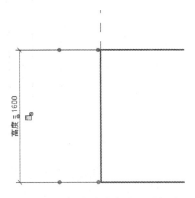

图 2.18　完成关联高度尺寸标注

(10) 承台标注变化时呈中心对称。按下【DI】键,发出"对齐尺寸标注"命令,标注宽边的两个边界到矩形中心线的距离,可看见出现 EQ 标志,如图 2.19 所示。单击该标志,会变为"EQ"字样,如图 2.20 所示,以保证改变矩形长、宽时,仍使矩形呈现出从中心发散的状态。接着对矩形宽度也做同样的轴对称标注,完成后如图 2.21 所示。

(11) 测试标注平均化。单击【创建】→【族类型】,尝试修改【长度】、【宽度】、【高度】并单击【确定】按钮,如图 2.22 所示。完成后如图 2.23 所示。检查矩形是否根据输入的尺寸发生相应的变化,若发生变化则关联有效,若无变化则按上述步骤再进行一遍。

(12) 绘制混凝土垫层轮廓。单击【创建】→【拉伸】,如图 2.24 所示。完成后进入【修改|创建拉伸】界面,在【偏移量】后输入"100",再以单击对角点的方式绘制矩形(图 2.24 中对角点②→③)。原矩形的四边都会向外偏移"100",从而形成一个新的矩形。这个新的矩形就是混凝土垫层的平面轮廓,如图 2.25 所示。

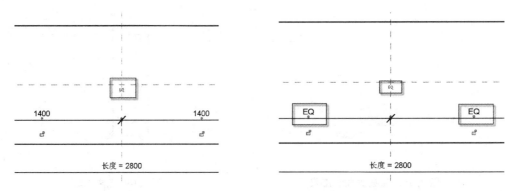

图 2.19 标注水平长度平均化　　　　　　　图 2.20 完成标注水平长度平均化

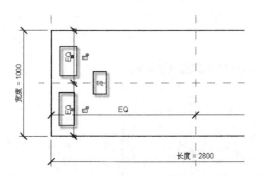

图 2.21 完成标注水平宽度平均化

图 2.22 测试标注平均化

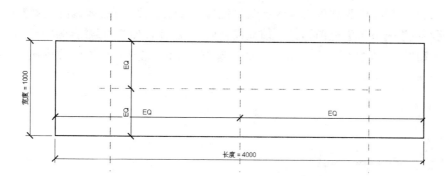

图 2.23 完成测试标注平均化

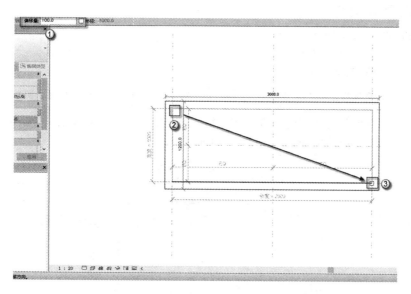

图 2.24 绘制混凝土垫层轮廓

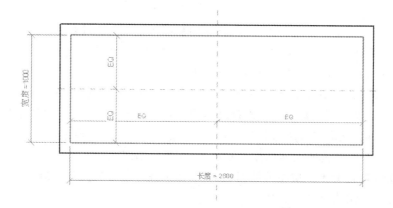

图 2.25 完成绘制混凝土垫层轮廓

（13）利用拉伸起点和拉伸终点调整混凝土垫层高度。在【项目浏览器】面板中单击【视图】→【立面】→【前】,进入前立面视图。设置【拉伸终点】数据为"－1700",同时设置【拉伸起点】数据为"－1600",如图 2.26 所示。完成后单击【√】按钮,效果如图2.27所示。

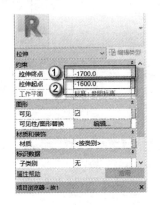

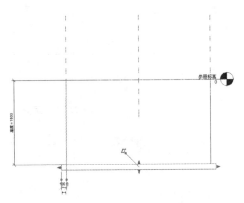

图 2.26　调整混凝土垫层高度　　　　图 2.27　完成混凝土垫层高度调整

（14）检查承台与基础的结合。按下【F4】键,即可进入三维立体模式,可观察到目前承台与基础相关联,完成后如图 2.28 所示。

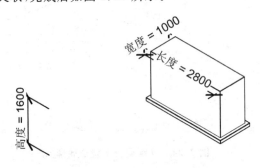

图 2.28　检查承台的三维立体图

（15）设置混凝土垫层参数。单击【视图】→【楼层平面】→【参照标高】,回到楼层平面。按下【DI】键,发出"对齐尺寸标注"命令,单击矩形立面的上下两条边线,然后沿着水平方向向左拖标注至合适的位置并确定,标注混凝土垫层的平面数据(即混凝土垫层上、下、左、右比承台各偏移"100"),如图 2.29 所示。选择混凝土垫层左下角的标注"100",然后单击【创建参数】按钮,出现【参数属性】对话框,在【名称】中输入"垫层长 a",选择【确定】,如图 2.30 所示。完成后可以观察到原来的标注变为"垫层长 a=100"字样,这说明尺寸标注关联成功,完成后如图 2.31 所示。

（16）关联混凝土垫层相关数据。同样,用上述方法完成其他混凝土垫层相关数据的关联,完成后如图 2.32 所示。

（17）检查混凝土垫层相关数据关联是否生效。单击【创建】→【族类型】,在弹出的【族类型】对话框中更改混凝土垫层相关数据,并单击【确定】按钮,如图 2.33 所示,

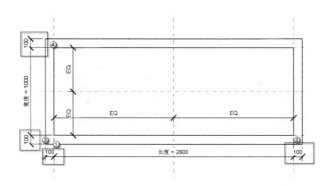

图 2.29 标注混凝土垫层的平面数据

图 2.30 更改名称

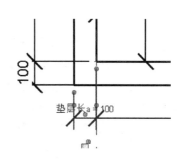

图 2.31 关联混凝土垫层的水平数据

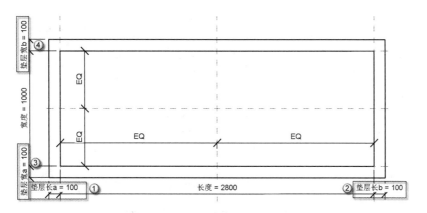

图 2.32 关联混凝土垫层相关数据

观察垫层是否随之变化。

（18）关联混凝土垫层高度相关数据。在【项目浏览器】面板中单击【视图】→【立面】→【前】，进入前立面视图。按下【DI】键，添加承台总高标注，并赋予承台总高标

说明：这一步是用 Revit 制作族的难点，可以将对象的"总高""垫层高""高度"三者相关联，让三者相互依存，当"垫层高"与"高度"变化时，"总高"也随之变化。

图 2.33　检查混凝土垫层相关数据关联是否生效

注名称"总高",单击【确定】按钮,如图 2.34 所示。单击【族类型】命令,在弹出的【族类型】对话框中对承台"总高"赋予计算公式"=垫层高+高度"(即将"垫层高"与"高度"以及承台"总高"三者相联系),并单击【确定】按钮,如图 2.35 所示,以便于当"垫层高"与"高度"改变时,"总高"也随之改变。

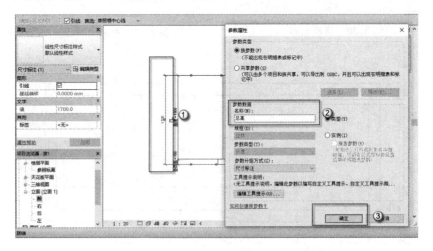

图 2.34　关联混凝土垫层高度相关数据

(19) 调整建筑材质参数。单击承台顶部的线条,单击【材质】栏右侧【按类别】,选取"混凝土-现场浇注混凝土"材质,并单击【确定】按钮,如图 2.36 所示。然后同样赋予混凝土垫层的材质为"混凝土-现场浇注混凝土"。

图 2.35 高度、垫层高与总高关联

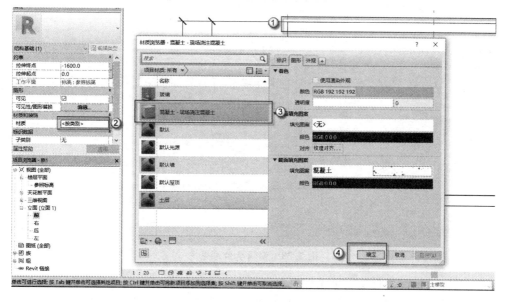

图 2.36 赋予承台材质

（20）调整结构材质参数。单击【创建】→【族类型】按钮，在弹出的【族类型】对话框中，选择【结构材质】→【混凝土-现场浇注混凝土】材质，并单击【确定】按钮，如图 2.37 所示。

（21）编辑承台可见性。单击【视图】→【楼层平面】→【参照标高】，回到楼层平面。选择承台中间的矩形，单击【可见性/图形替换】栏右侧的【编辑】按钮，确定【族图

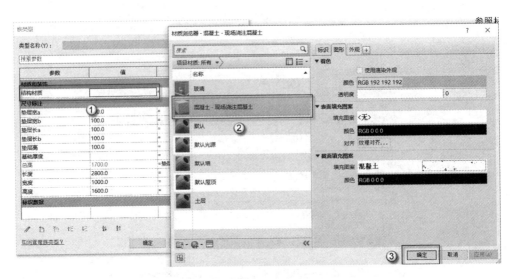

图 2.37　调整结构材质参数

元可见性设置】对话框中所有选项都被勾选,并单击【确定】按钮,如图 2.38 所示。

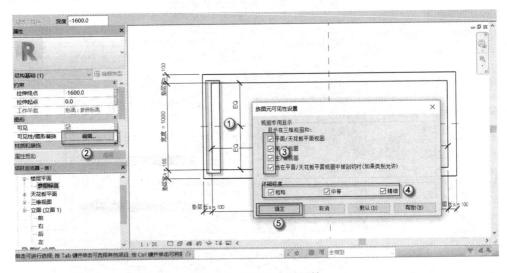

图 2.38　编辑承台可见性

　　(22)编辑混凝土垫层可见性。单击承台外层的矩形,单击【编辑】按钮,在弹出的【族图元可见性设置】对话框中,取消"平面/天花板平面视图"以及"当在平面/天花板平面视图中被剖切时(如果类别允许)"的勾选,并单击【确定】按钮,如图 2.39 所示。

　　(23)赋予承台族名称。单击【创建】→【族类型】,在弹出的【族类型】对话框中单击【创建族类型】按钮,在弹出的【名称】对话框中,创建族名称为"CT",连续单击两次【确定】按钮,如图 2.40 所示。

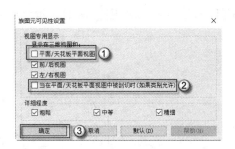

图 2.39 编辑混凝土垫层可见性

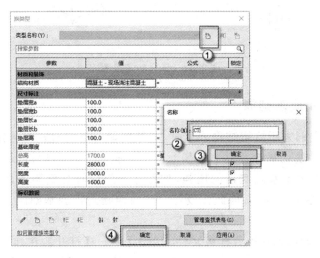

图 2.40 赋予承台族名称

（24）保存承台族。单击【文件】→【另存为】→【族】，进入保存文件界面，找到计算机中【族】文件夹，修改承台族名称为"承台"，单击【保存】按钮，如图 2.41 所示。

图 2.41 保存承台族

检查承台族。按下【F4】键,进入三维视图,可观察承台族的三维模型,如图 2.42 所示。

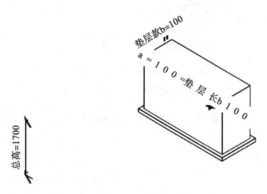

图 2.42 承台族三维图

2.1.2 定义扩展基础族

当建筑物上部采用框架结构承重时,其基础最常见的形式就是独立基础,也可称为扩展基础。独立基础一般上部偏小、下部偏大。下部基础底面面积变大时使得地基承载能力大于基础底面的压强,如此才能够保证建筑不下沉或者倾斜。在 Revit 中没有扩展基础的族,因此在设计结构时应新建扩展基础族。具体操作如下所示。

(1)打开公制结构基础族样板文件。单击【族】→【打开】,在弹出的【新族-选择样板文件】对话框中选择"公制结构基础.rft"文件,单击【打开】按钮,如图 2.43 所示。完成后进入族制作界面,如图 2.44 所示。

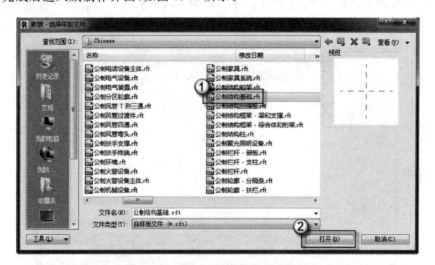

图 2.43 打开公制结构基础族样板文件

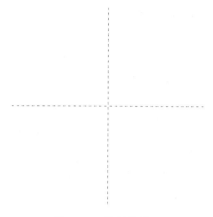

图 2.44　族制作界面

（2）绘制扩展基础族顶部竖直参照平面。按下【RP】键，发出"参照平面"命令，在【偏移量】栏中输入"250"，沿着竖直方向的默认参考线，从上向下画右侧的参照平面，如图 2.45 所示。用上述同样的方法绘制完成左侧的参照平面，完成后如图 2.46 所示。

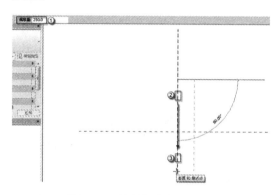

图 2.45　绘制竖直参照平面

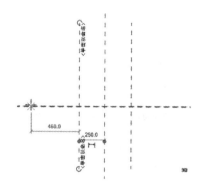

图 2.46　完成绘制竖直参照平面

（3）绘制扩展基础族顶部水平参照平面。按下【RP】键，发出"参照平面"命令，在【偏移量】栏中输入"250"，沿着水平方向的默认参考线，从左向右画上方的参照平面，如图 2.47 所示。用上述同样的方法绘制完成下方的参照平面，完成后如图 2.48 所示。

（4）添加尺寸标注。按下【DI】键，发出"对齐尺寸标注"命令，依次选择参照平面围合的矩形的两个边界线，并拖标注线到合适的位置，即新的标注不会与原矩形相重叠，如图 2.49 所示，这就是扩展基础族的长度尺寸。同样，用上述方法完成扩展基础族的宽度标注，完成后如图 2.50 所示。

（5）关联矩形标注。选择矩形长度标注，然后在【标签】栏的下拉菜单中选择"长度"选项，完成后可以观察到原来的标注变为"长度＝500"字样，这说明尺寸标注关联

说明：扩展基础族顶部矩形，由于水平方向尺寸与竖直方向尺寸会不一致，一定要准确确定水平方向为"长度"，竖直方向为"宽度"。

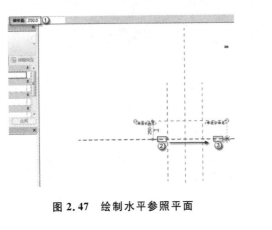

图 2.47　绘制水平参照平面　　　　　图 2.48　完成绘制水平参照平面

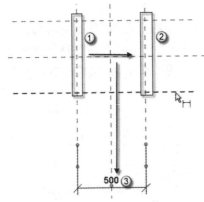

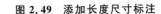

图 2.49　添加长度尺寸标注　　　　　图 2.50　完成宽度尺寸标注

成功,如图 2.51 所示。同样,用上述方法完成矩形宽度尺寸标注的关联,完成后如图 2.52 所示。

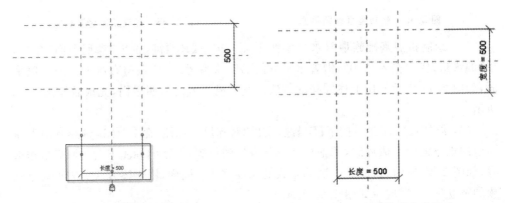

图 2.51　完成关联长度尺寸　　　　　图 2.52　完成关联宽度尺寸

(6)矩形随标注变化呈中心对称。按下【DI】键,发出"对齐尺寸标注"命令,标注宽边到矩形中心线的距离以及中心线到矩形另一宽边的距离,标注沿中心线对称,可看见出现**EQ**标志,如图 2.53 所示。单击该标志,会变为"EQ"字样,如图 2.54 所示,以保证改变矩形长、宽时,仍使矩形呈现出从中心发散的状态。接着对矩形宽也做同样的轴对称标注,完成后如图 2.55 所示。

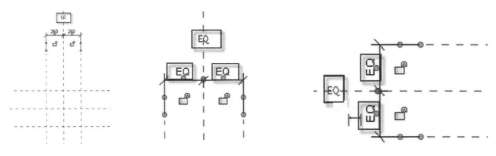

图 2.53　平均标注　　图 2.54　完成长度平均标注　　图 2.55　完成宽度平均标注

(7)测试标注平均化。单击【创建】→【族类型】,在弹出的【族类型】对话框中尝试修改【长度】、【宽度】栏的数值,并单击【确定】按钮,如图 2.56 所示。检查矩形是否根据输入的尺寸发生相应的变化,若发生变化则关联有效,若无变化则按上述步骤再进行一遍。完成后如图 2.57 所示。

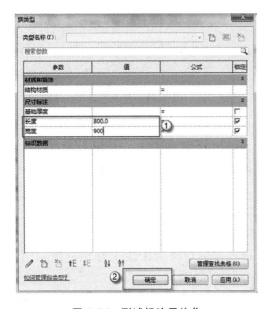

图 2.56　测试标注平均化

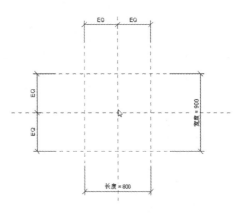

图 2.57　标注平均化生效

(8)再次绘制竖直参照平面。按下【RP】键,发出"参照平面"命令,在【偏移量】栏中输入"500",沿着竖直方向的默认参考线,从上向下画右侧的参照平面,如图2.58所示。用上述同样的方法绘制完成左侧的参照平面,完成后如图 2.59 所示。

(9)绘制水平参照平面。按下【RP】键,发出"参照平面"命令,在【偏移量】栏中

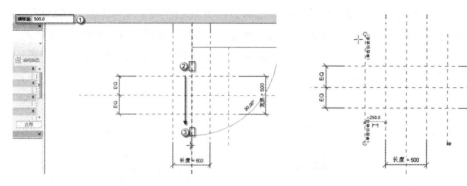

图 2.58　绘制右侧参照平面　　　　　　　图 2.59　绘制左侧参照平面

输入"500",沿着水平方向的默认参考线,从左向右画上方的参照平面,如图 2.60 所示。用上述同样的方法绘制完成下方的参照平面,完成后如图 2.61 所示。

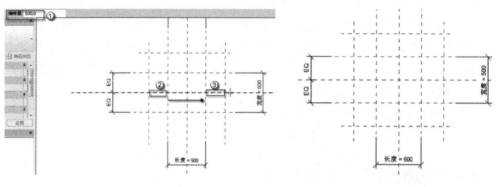

图 2.60　绘制上方参照平面　　　　　　　图 2.61　绘制下方参照平面

(10) 添加尺寸标注。按下【DI】键,发出"对齐尺寸标注"命令,依次选择参照平面围合的矩形的两个边界线,并拖标注线到合适的位置,即新的标注不会与原矩形相重叠,如图 2.62 所示,这就是长度尺寸。同样,用上述方法完成宽度标注,完成后如图 2.63 所示。

(11) 关联新的水平方向尺寸标注。单击【标签】→【创建参数】,弹出【参数属性】对话框,在【名称】栏中输入"B"字样,不选择"共享参数"和"实例"两个选项,最后单击【确定】按钮,如图 2.64 所示。完成后可以观察到原来的标注变为"B=1000"字样,这说明尺寸标注关联成功,完成后如图 2.65 所示。

(12) 关联新的竖直方向尺寸标注。单击【标签】→【创建参数】,弹出【参数属性】对话框,在【名称】栏中输入"L"字样,不选择"共享参数"和"实例"两个选项,最后单击【确定】按钮,如图 2.66 所示。完成后可以观察到原来的标注变为"L=1000"字样,这说明尺寸标注关联成功,完成后如图 2.67 所示。

(13) 矩形随标注变化呈中心对称。按下【DI】键,发出"对齐尺寸标注"命令,标注宽边到矩形中心线的距离以及中心线到矩形另一宽边的距离,标注沿中心线对称,

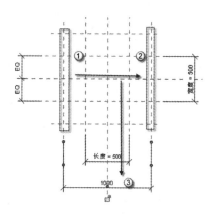

图 2.62 添加尺寸标注

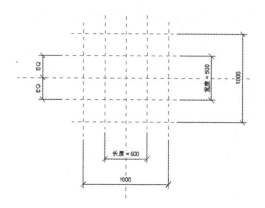

图 2.63 完成尺寸标注

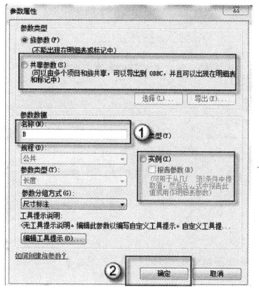

图 2.64 关联新的水平方向尺寸标注

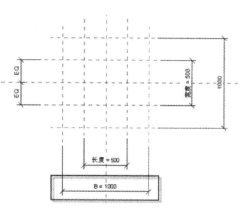

图 2.65 完成关联新的水平方向尺寸标注

可看见出现 **EQ** 标志,如图 2.68 所示。单击该标志,会变为"EQ"字样,如图 2.69 所示,以保证改变矩形长、宽时,仍使矩形呈现出从中心发散的状态。接着对矩形宽也做同样的轴对称标注,完成后如图 2.70 所示。

(14)作图形融合平面图。单击【创建】→【实心融合】,进入【修改|创建融合底部边界】界面,绘制顶部轮廓,选择"矩形"框,拾取参照平面围合正中心的最小矩形对角点,绘制矩形截面,如图 2.71 所示。并单击【编辑顶部】按钮,发现其变为【编辑底部】按钮,如此便可以绘制底部轮廓了。然后按照上述方法利用"矩形"框拾取参照平面围合的最大矩形对角点,从而绘制底部轮廓,如图 2.72 所示。

(15)作图形融合立面图,赋予其立体效果。在【项目浏览器】面板中单击【视图】

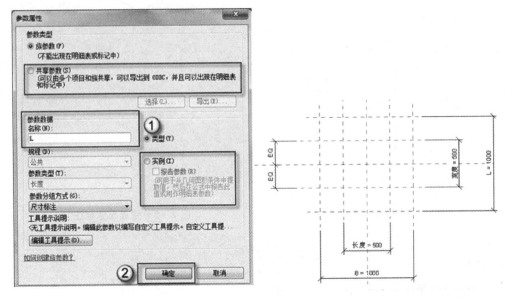

图 2.66　关联新的竖直方向尺寸标注　　图 2.67　完成关联新的竖直方向尺寸标注

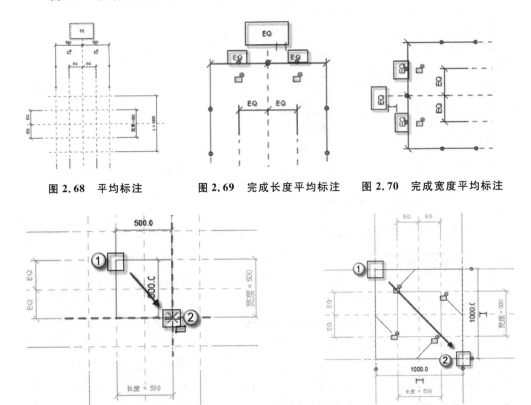

图 2.68　平均标注　　图 2.69　完成长度平均标注　　图 2.70　完成宽度平均标注

图 2.71　图形融合平面图　　　　　图 2.72　完成图形融合平面图

→【立面】→【前】,进入前立面视图。在【属性】面板中设置【第一端点】数据为"0",同时设置【第二端点】数据为"-350",并单击【应用】按钮,如图 2.73 所示。完成后单击【√】按钮,形成一个梯形,如图 2.74 所示。

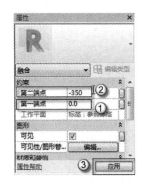

图 2.73　更改端点高度

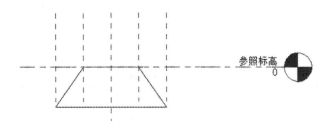

图 2.74　完成更改端点高度

　　(16) 标注高度数据。按下【DI】键,发出"对齐尺寸标注"命令,单击梯形立面的上下两条边线,然后沿着水平方向向右拖标注至合适的位置并确定,如图 2.75 所示。完成后如图 2.76 所示。

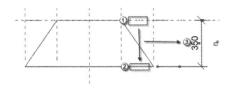

图 2.75　标注高度数据

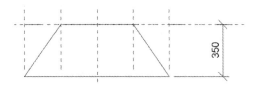

图 2.76　完成标注高度数据

　　(17) 关联高度尺寸标注。单击高度标注,单击【创建参数】,出现【参数属性】对话框,如图 2.77 所示,在【名称】栏中输入"H1"字样,单击【确定】按钮。完成后可以观察到原来的标注变为"H1=350"字样,这说明尺寸标注关联成功,完成后如图2.78所示。

　　检查刚做好的图形。按下【F4】键,即可进入三维立体模式,转到三维视图以检查生成的模型,如图 2.79 所示。

　　(18) 绘制扩展基础族中部的矩形体块,单击【视图】→【楼层平面】→【参照标高】,回到楼层平面。单击【创建】→【拉伸】,完成后进入【修改|创建拉伸】界面,利用"矩形"框再次拾取参照平面围合的最大矩形对角点,如图 2.80 所示。在【项目浏览器】面板中单击【视图】→【立面】→【前】,进入前立面视图。在【属性】面板中设置【拉伸终点】数据为"-600",同时设置【拉伸起点】数据为"-350",单击【应用】按钮,如图 2.81所示。完成后单击【√】按钮,如图 2.82 所示。

　　(19) 标注矩形高度尺寸。按下【DI】键,发出"对齐尺寸标注"命令,单击矩形立面上下两条边线,然后沿着水平方向向右拖标注至合适的位置并确定,如图 2.83 所

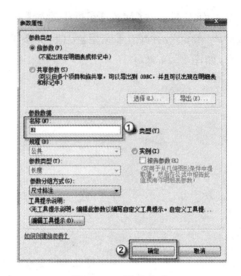

图 2.77　更改名称

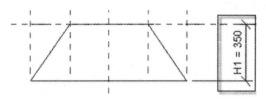

图 2.78　完成名称更改

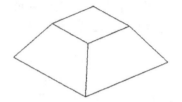

图 2.79　检查三维视图

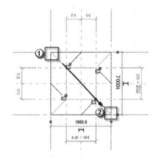

图 2.80　拾取对角点

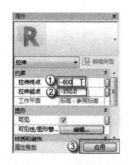

图 2.81　更改尺寸数据

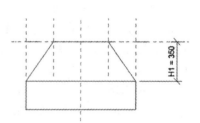

图 2.82　完成创建

示。完成后如图 2.84 所示。

(20)关联矩形高度尺寸标注。单击矩形高度标注,单击【创建参数】按钮,在弹出的【参数属性】对话框【名称】栏中输入"H2"字样,单击【确定】按钮,如图 2.85 所示。完成后可以观察到原来的标注变为"H2＝250"字样,这说明尺寸标注关联成功,完成后如图 2.86 所示。

检查刚做好的图形。按下【F4】键,即可进入三维立体模式,转到三维视图以检查生成的模型,如图 2.87 所示。

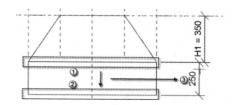

图 2.83 标注矩形高度尺寸

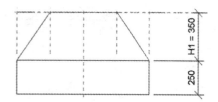

图 2.84 完成标注矩形高度尺寸

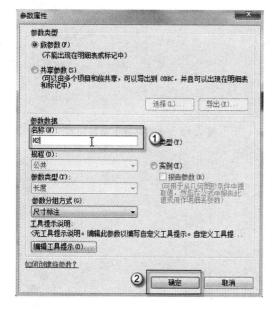

图 2.85 更改名称

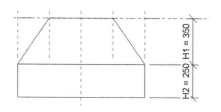

图 2.86 完成名称更改

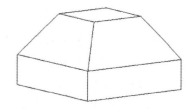

图 2.87 检查三维视图

(21) 绘制混凝土垫层轮廓。单击【创建】→【拉伸】,如图 2.88 所示。完成后进入【修改|创建拉伸】界面,在【偏移量】后输入"100",再以单击对角点的方式绘制矩形(对角点②→③)。原矩形的四边都会向外偏移"100",从而形成一个新的矩形。这个新的矩形就是混凝土垫层的平面轮廓,如图 2.89 所示。

(22) 利用拉伸起点和拉伸终点调整混凝土垫层高度。在【项目浏览器】面板中单击【视图】→【立面】→【前】,进入前立面视图。在【属性】面板中设置【拉伸起点】数据为"−600",同时设置【拉伸终点】数据为"−700",并选择【应用】按钮,如图 2.90 所

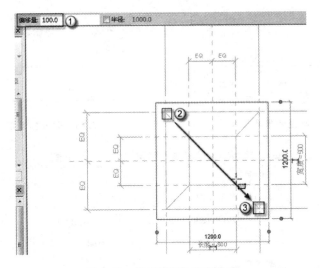

图 2.88　绘制混凝土垫层轮廓

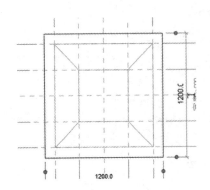

图 2.89　混凝土垫层的平面轮廓

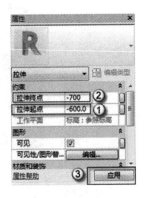

图 2.90　拉伸

示。完成后单击【√】按钮,如图 2.91 所示。

(23) 关联混凝土垫层高度相关数据。单击中间的矩形,当矩形被选中时,矩形上方会出现造型操纵柄(即三角形标志),如图 2.92 所示。接着将这个造型操纵柄向下拖至合适的位置,即将图形上部的梯形底部与图形中部的矩形上部分离开来,如图 2.93 所示。然后将这个造型操纵柄向上拖至原来与梯形底部重合的位置,释放光标,会出现一个开放的锁头,如图 2.94 所示。单击锁头使其从开放变为闭合状态,从而使梯形底部与其下方矩形的上部紧密结合,如图 2.95 所示。最后用上述同样的方式使中部矩形的底部与混凝土垫层的上部相结合。完成后如图 2.96 所示。

(24) 添加混凝土垫层高度标注并锁定。按下【DI】键,发出"对齐尺寸标注"命令,单击矩形立面的上下两条边线,然后沿着水平方向向右拖标注至合适的位置并确定,如图 2.97 所示。此时可看见混凝土垫层高度标注旁有一个开放的锁头,单击锁头使其闭合,如图 2.98 所示。使混凝土垫层的高度不会随着其他标高的变化而变

说明:第 23 步是用 Revit 制作扩展基础族的难点,可以将对象的"H1""H2""混凝土垫层高度"三者保持队列形式,让三者在任一高度变化时不会出现图形相互交叉的情况。

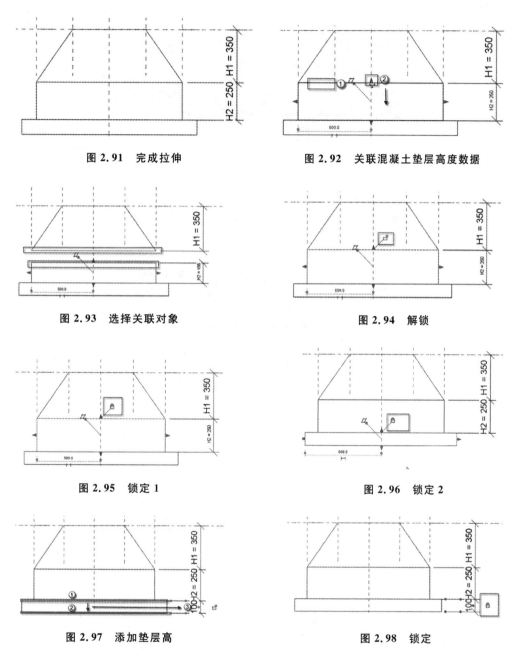

图 2.91　完成拉伸

图 2.92　关联混凝土垫层高度数据

图 2.93　选择关联对象

图 2.94　解锁

图 2.95　锁定 1

图 2.96　锁定 2

图 2.97　添加垫层高

图 2.98　锁定

化,即始终保持"100"。

（25）赋予扩展基础族名称。单击【创建】→【族类型】,发出创建族类型命令,弹出【族类型】对话框。在此对话框中,单击【类型名称】后面的按钮,创建族名称"J1",并依次单击【名称】对话框内的【确定】以及【族类型】对话框内的【确定】按钮,如图 2.99 所示。

图 2.99　赋予扩展基础族名称

(26)保存扩展基础族。单击【R】→【另存为】→【族】,发出保存族命令,找到计算机中【族】文件夹,修改承台族名称为"扩展基础",单击【保存】按钮,如图 2.100 所示。

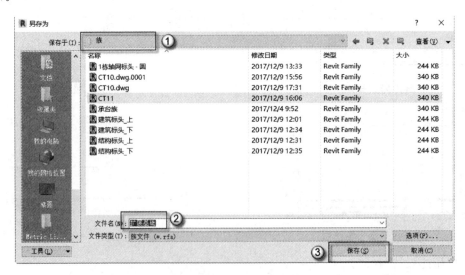

图 2.100　保存扩展基础族

检查刚做好的图形。按下【F4】键,即可进入三维立体模式,转到三维视图以检查生成的模型,如图 2.101 所示。

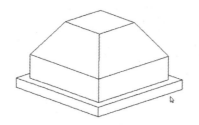

图 2.101 扩展基础三维视图

2.2 绘制地下结构部分

上一节中已经完成了基础族的建立。本节将调用这些基础族,插入项目文件中相应的位置,还可以使用 Revit 软件自带的族。本节主要介绍桩、承台、扩展基础、基础梁等位于地下部分的结构构件。

2.2.1 插入承台与扩展基础

在 Revit 中族与项目是两种操作状态。在制作完成各类型的族后,要将族插入项目中。族插入项目中后表面不会发生任何变化,需要运行命令。插入的是基础族,就运行【独立】命令(就是独立基础命令)。

(1)打开结构轴网与标高文件。单击【项目】→【打开】,在弹出的【打开】对话框中选择配套下载资源中的 RVT 文件"3.结构轴网与标高",单击【打开】按钮,如图2.102所示。完成后进入项目制作界面,如图 2.103 所示。

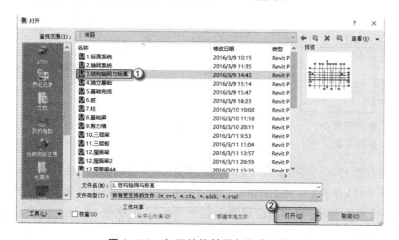

图 2.102 打开结构轴网与标高文件

(2)选择相应的结构平面并绘制承台参照平面。在【项目浏览器-3.结构轴网与标高】面板中单击【结构平面】→【基础顶】,如图 2.104 所示。选择要插入的相应的结

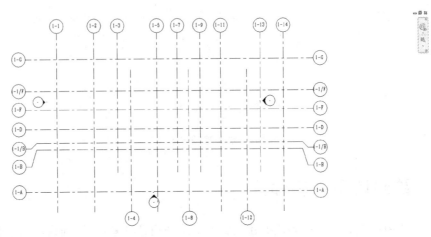

图 2.103　项目制作界面

构平面。按下【RP】键,发出"参照平面"命令,绘制承台参照平面,完成后如图 2.105 所示。

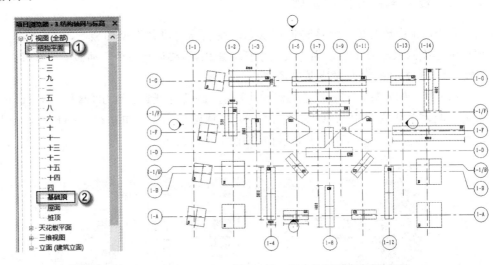

图 2.104　选择相应的
　　　　　结构平面

图 2.105　完成绘制竖直参照平面

（3）载入承台族。单击【插入】→【载入族】,在弹出的【载入族】对话框中选择"承台"RFA族文件,单击【打开】按钮,如图 2.106 所示。单击【结构】→【结构基础:独立】,可看见【属性】面板中的构件属性由结构平面转为承台,并且在光标移动时有承台跟随,如图 2.107 所示。

（4）定义 CT5 属性。检查承台所在的结构平面是否在"基础顶",然后单击【编辑类型】,如图 2.108 所示。弹出【类型属性】对话框,单击【复制】按钮,在弹出的【名称】对话框中将【名称】修改为"CT5",并单击【确定】按钮,如图 2.109 所示。更改承

图 2.106　载入承台

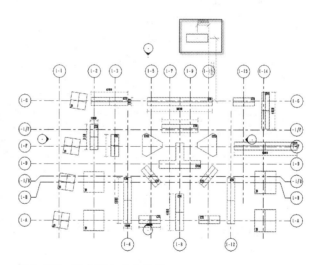

图 2.107　承台载入命令生效

台【长度】为"4700",并单击【确定】按钮,如图 2.110 所示。

（5）插入 CT5 并检查。找到 CT5 相应的位置,并对应插入,如图 2.111 所示。按下【F4】键,发出"默认三维视图"命令,可看到插入的 CT5 的三维视图,如图2.112所示。

（6）定义 CT3 属性。用上述方式定义 CT3 属性。单击【属性】→【编辑类型】,弹出【类型属性】对话框,单击【复制】按钮,在弹出的【名称】对话框中将【名称】修改为"CT3",并单击【确定】按钮,如图 2.113 所示。更改承台【高度】为"1000",【长度】为"3150",并单击【确定】按钮,如图 2.114 所示。

（7）插入 CT3。找到 CT3 相应的位置,在【修改 | 放置独立基础】栏勾选"放置

图 2.108 检查将插入
的承台平面

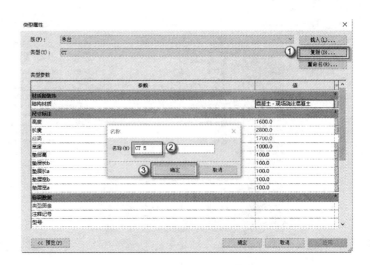

图 2.109 复制 CT5 并命名

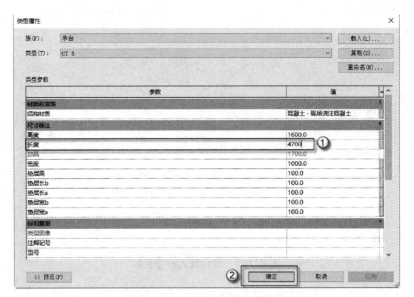

图 2.110 更改 CT5 参数

后旋转"选项,单击 CT3 参照位置的几何中心,然后使插入承台的对称轴与承台宽相垂直,如图 2.115 所示。完成后如图 2.116 所示。

(8)定义 CT1 属性。用上述方式定义 CT1 属性。单击【属性】→【编辑类型】,弹出【类型属性】对话框,单击【复制】按钮,在弹出的【名称】对话框中将【名称】修改为"CT1",并单击【确定】按钮,如图 2.117 所示。更改承台【高度】为"1600",【长度】为"2800",并单击【确定】按钮,如图 2.118 所示。

(9)插入 CT1。找到 CT1 相应的位置,在【修改│放置独立基础】栏勾选"放置

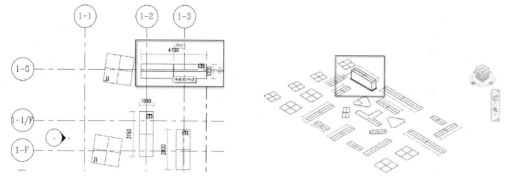

图 2.111　插入 CT5　　　　　　　　　图 2.112　查看 CT5 三维视图

图 2.113　更改 CT3 名称

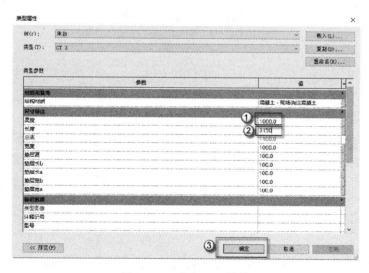

图 2.114　定义 CT3 属性

后旋转"选项,单击 CT1 参照位置的几何中心,然后使插入承台的对称轴与承台宽相
垂直,如图 2.119 所示。完成后如图 2.120 所示。

（10）定义 CT6 属性。用上述方式定义 CT6 属性。单击【属性】→【编辑类型】,
弹出【类型属性】对话框,单击【复制】按钮,在弹出的【名称】对话框中将【名称】修改为
"CT6",并单击【确定】按钮,如图 2.121 所示。更改承台【高度】为"1000",【长度】为
"5800",并单击【确定】按钮,如图 2.122 所示。

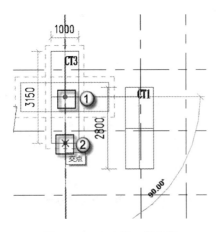

图 2.115　CT3 插入并旋转

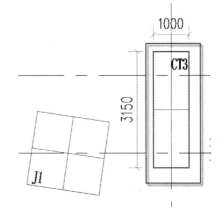

图 2.116　完成 CT3 插入并旋转

图 2.117　更改 CT1 名称

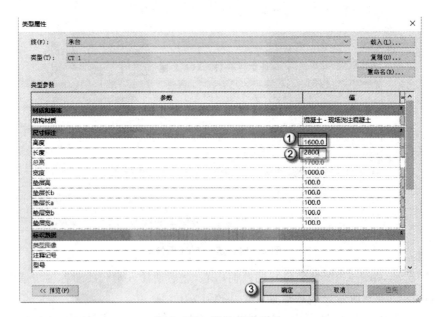

图 2.118　定义 CT1 属性

　　(11) 插入 CT6。找到 CT6 相应的位置,在【修改 | 放置独立基础】栏勾选"放置后旋转"选项,单击 CT6 参照位置的几何中心,然后使插入承台的对称轴与承台宽相垂直,如图 2.123 所示。完成后如图 2.124 所示。

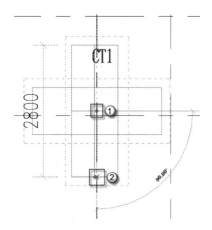

图 2.119 CT1 插入并旋转

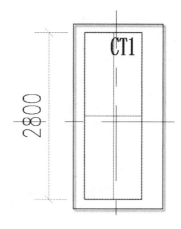

图 2.120 完成 CT1 插入并旋转

图 2.121 更改 CT6 名称

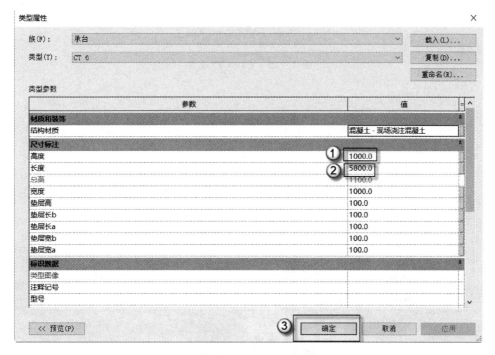

图 2.122 定义 CT6 属性

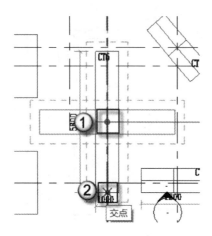

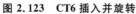

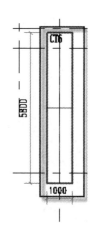

图 2.123　CT6 插入并旋转　　　　图 2.124　完成 CT6 插入并旋转

（12）定义 CT8 属性。用上述方式定义 CT8 属性。单击【属性】→【编辑类型】，弹出【类型属性】对话框，单击【复制】按钮，在弹出的【名称】对话框中将【名称】修改为"CT8"，并单击【确定】按钮，如图 2.125 所示。更改承台【高度】为"1600"，【长度】为"8400"，并单击【确定】按钮，如图 2.126 所示。

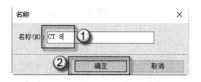

图 2.125　更改 CT8 名称

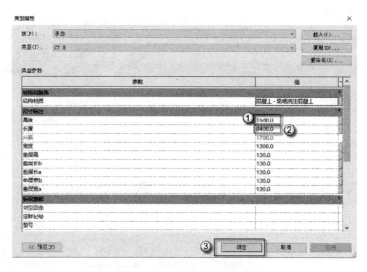

图 2.126　定义 CT8 属性

（13）插入 CT8。找到 CT8 相应的位置，并对应插入，如图 2.127 所示。

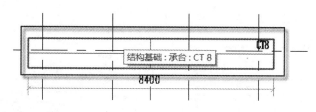

图 2.127 插入 CT8

（14）定义 CT4 属性。用上述方式定义 CT4 属性。单击【属性】→【编辑类型】，弹出【类型属性】对话框，单击【复制】按钮，在弹出的【名称】对话框中将【名称】修改为"CT4"，并单击【确定】按钮，如图 2.128 所示。更改承台【长度】为"4600"，并单击【确定】按钮，如图 2.129 所示。

图 2.128 更改 CT4 名称

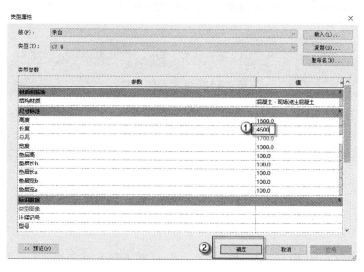

图 2.129 定义 CT4 属性

（15）插入 CT4。找到 CT4 相应的位置，并对应插入，如图 2.130 所示。

（16）定义 CT7 属性。用上述方式定义 CT7 属性。单击【属性】→【编辑类型】，弹出【类型属性】对话框，单击【复制】按钮，在弹出的【名称】对话框中将【名称】修改为"CT7"，并单击【确定】按钮，如图 2.131 所示。更改承台【长度】为"8200"，并单击【确定】按钮，如图 2.132 所示。

（17）插入 CT7。找到 CT7 相应的位置，并对应插入，如图 2.133 所示。

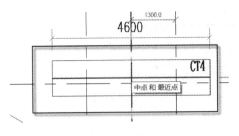

图 2.130 插入 CT4

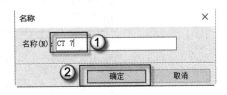

图 2.131 更改 CT7 名称

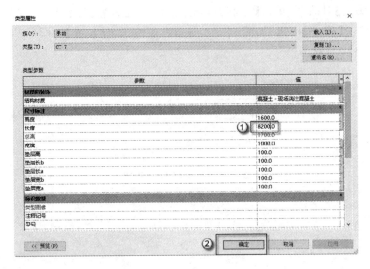

图 2.132 定义 CT7 属性

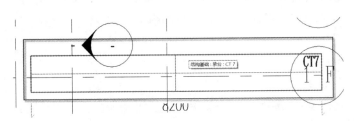

图 2.133 插入 CT7

(18) 载入 CT10 和 CT11。单击【插入】→【载入族】,在弹出的【载入族】对话框中按住【Shift】键同时选择"CT10"和"CT11",单击【打开】按钮,如图 2.134 所示。单击【结构】→【结构基础:独立】命令,可看见【属性】面板中的构件属性由结构平面转为承台,并且在光标移动时有 CT10 跟随,如图 2.135 所示。

(19) 插入 CT10、CT11。找到 CT10 相应的位置,并对应插入,如图 2.136 所示。按下【Enter】键,重复上一步命令,并在承台属性栏的下拉菜单中选择"CT11",如图 2.137 所示,然后找到 CT11 相应的位置,并一一对应插入,如图 2.138 所示。

(20) 补全右边缺少的承台。选择右边的 CT11 对象,按下【MM】键,发出"有轴

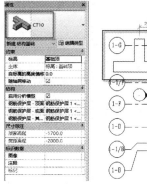

图 2.134　载入 CT10 和 CT11　　　　图 2.135　CT10 和 CT11 载入命令生效

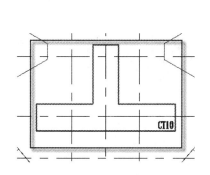

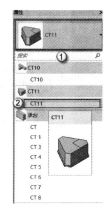

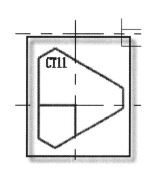

图 2.136　插入 CT10　　　图 2.137　选择承台类型　　　图 2.138　插入 CT11

镜像"命令,选择镜像轴进行沿轴镜像,如图 2.139 所示。同样,用上述方式对 CT1和 CT6 沿轴镜像,以补全右边缺少的承台。完成后如图 2.140 所示。

检查插入的承台。按下【F4】键,发出"默认三维视图"命令,可看到所有插入的承台的三维视图。完成后如图 2.141 所示。

(21) 载入扩展基础。单击【插入】→【载入族】,在弹出的【载入族】对话框中选择"扩展基础"RFA 族文件,单击【打开】按钮,如图 2.142 所示。单击【结构】→【结构基础:独立】命令,可看见【属性】面板中的构件属性由结构平面转为扩展基础,并且在光标移动时有扩展基础跟随,如图 2.143 所示。

(22) 定义 J1 属性。检查扩展基础所在的结构平面是否在"基础顶",然后单击【编辑类型】按钮,在弹出的【类型属性】对话框中单击【复制】按钮,在弹出的【名称】对话框中将【名称】修改为"J1",并单击【确定】按钮,如图 2.144 所示。更改扩展基础【h3】为"100"、【h2】为"150"、【h1】为"250"、【宽度】为"2000"、【长度】为"2000"、【Hc】为"350"、【Bc】为"350",并单击【确定】按钮,如图 2.145 所示。

(23) 设置扩展基础的高度偏移。由于 J1 距离基础顶面 200 mm,所以在【属性】

说明:在定义扩展基础时参数较多,可利用预览等方式看清楚扩展基础各类型数据代表什么,以免混淆。

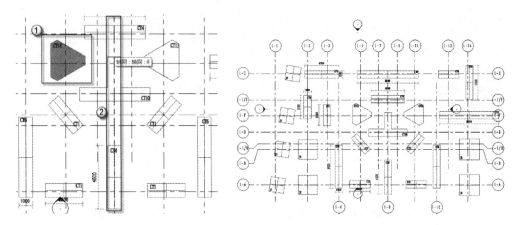

图 2.139 承台镜像   图 2.140 补全承台

图 2.141 承台三维视图

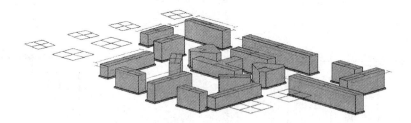

图 2.142 载入扩展基础   图 2.143 载入扩展基础生效

图 2.144 更改扩展基础名称

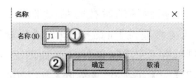

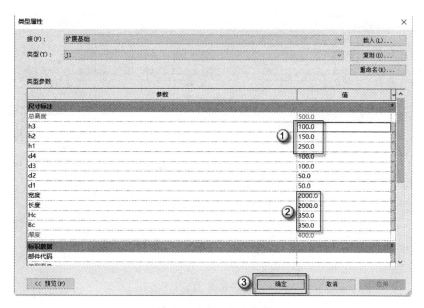

图 2.145　定义扩展基础

面板中【自标高的高度偏移】一栏中输入数值"－200"，如图 2.146 所示。找到 J1 相应的位置，在【修改｜放置独立基础】栏勾选"放置后旋转"选项，单击 J1 参照位置的几何中心，然后使插入扩展基础的对称轴与参照平面扩展基础的边线重合，如图 2.147所示。按下【F4】键可清晰看到设置后的三维效果，如图 2.148 所示。

图 2.146　扩展基础的高度偏移

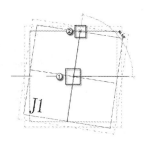

图 2.147　插入 J1

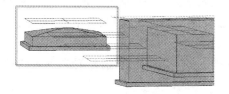

图 2.148　扩展基础的高度偏移三维效果

　　（24）插入所有 J1。找到 J1 相应的位置，按下【CO】键，在【修改｜结构基础】一栏中勾选"多个"选项，选中已插入 J1 扩展基础的一个角点，进行对位复制，如图 2.149所示。

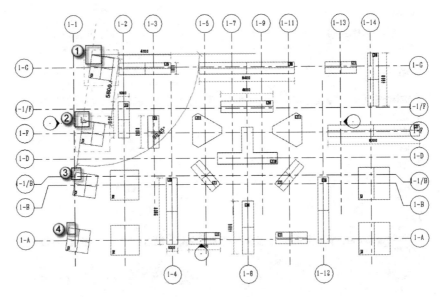

图 2.149 插入所有 J1

(25)定义 J2 及 J3 属性。单击【编辑类型】按钮,弹出【类型属性】对话框,单击【复制】按钮,在弹出的【名称】对话框中将【名称】修改为"J2",并单击【确定】按钮,如图 2.150 所示。更改扩展基础【h2】为"250"、【h1】为"300"、【宽度】为"2600"、【长度】为"2600",并单击【确定】按钮,如图 2.151 所示。用同样的方式命名 J3,以及修改 J3 的相关参数。

图 2.150 更改名称

(26)设置 J2、J3 的高度偏移并插入。由于 J2 距离基础顶面 50 mm,所以在【属性】面板中【自标高的高度偏移】一栏中输入数值"−50",如图 2.152 所示。找到 J2 相应的位置,并依次单击参照平面中 J2 的几何中心,对应插入,如图2.153所示。用上述相同的方式插入 J3。完成后如图 2.154 所示。

检查插入的扩展基础。按下【F4】键可清晰看到插入的扩展基础的三维效果,如图 2.155 所示。

(27)保存项目。单击【另存为】→【项目】,将该项目命名为"5.基础完成",并单击【保存】按钮,如图 2.156 所示。

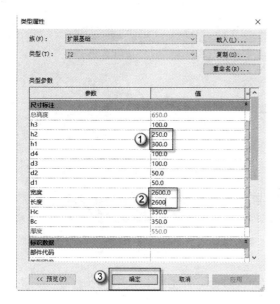

图 2.151　更改参数

图 2.152　输入偏移量

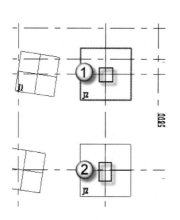

图 2.153　插入扩展基础

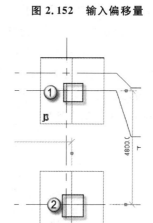

图 2.154　完成插入扩展基础

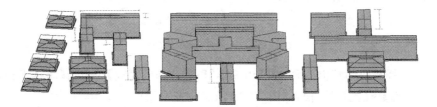

图 2.155　扩展基础三维视图

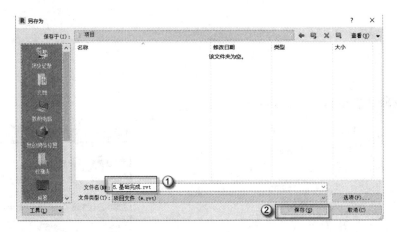

图 2.156　保存基础项目

2.2.2　插入桩基础

基础的主要部分除了承台还包括承台下的桩。对于桩,根据地理环境、土质类型还有上部荷载的不同,桩长和桩径也都不同,所以之前所建的桩族必须为活族。下面具体介绍如何将桩插入承台族。

(1)打开基础完成文件。单击【项目】→【打开】,在弹出的【打开】对话框中选择"5.基础完成"RVT 项目文件,单击【打开】按钮,如图 2.157 所示。完成后进入项目制作界面,如图 2.158 所示。

图 2.157　打开基础完成文件

(2)选择相应的结构平面。在【项目浏览器-5.基础完成】中单击【结构平面】,选择【结构平面】→【桩顶】平面,如图 2.159 所示。完成后如图 2.160 所示。

(3)在桩顶图层中隐藏承台,优化视图中选定的图元类别。由于在桩顶平面上承台将部分桩阻挡了,不易区分。从视图左上角的①处向右下拉至②处,以框选全部承台,如图 2.161 所示,然后单击【修改│选择多个】→【过滤器】,弹出【过滤器】对话

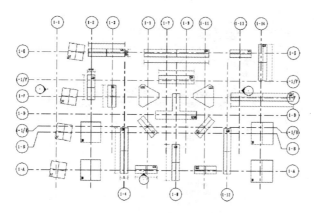

图 2.158　项目制作界面

图 2.159　选择相应的结构平面

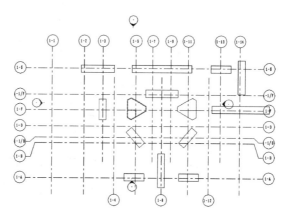

图 2.160　进入桩顶平面

框,仅勾选"结构基础"选项,并单击【确定】按钮,如图 2.162 所示。然后右击选中的承台,选择【在视图中隐藏】→【图元】,如图 2.163 所示。完成后如图 2.164 所示。

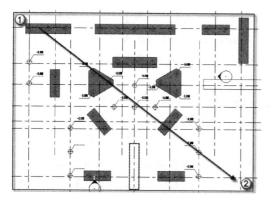

图 2.161　选中承台平面

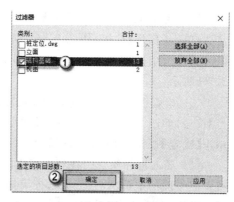

图 2.162　选择结构基础

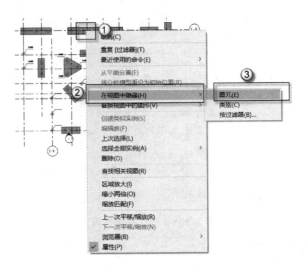

图 2.163 隐藏承台

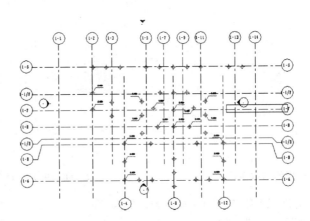

图 2.164 完成隐藏承台

(4)载入桩族。单击【插入】→【载入族】,在弹出的【载入族】对话框中选择"桩"选项,单击【打开】按钮,如图 2.165 所示。单击【结构】→【结构基础:独立】,可看见【属性】面板中的构件属性由结构平面转为桩,并且在光标移动时有桩跟随,如图 2.166所示。

(5)检查桩属性。检查桩所在的结构平面是否在"桩顶"平面,然后单击【编辑类型】按钮,如图 2.167 所示。弹出【类型属性】对话框,检查桩的相关参数是否正确,并单击【确定】按钮,如图 2.168 所示。

(6)插入桩并检查。找到桩相应的位置,并单击桩平面的圆心(①处),对应插入桩参照平面的定位圆心(②处),依次插入桩,如图 2.169 所示。按下【F4】键发出"默认三维视图"命令,可看到插入的桩的三维视图,如图 2.170 所示。

(7)插入标高为 3.000 的桩。由于标高为 3.000 的桩与标高为 3.200 的桩的高

图 2.165　打开桩族

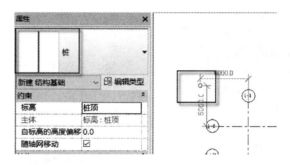

图 2.166　成功载入桩族

图 2.167　检查桩所在平面

图 2.168　检查桩的相关参数

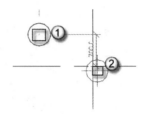

图 2.169　依次插入桩

差为 200 mm,所以在【属性】面板中【自标高的高度偏移】一栏中输入数值"200",如图 2.171 所示。找到桩相应的位置,并单击桩平面的圆心(①处),对应插入桩参照平面的定位圆心(②处),依次插入桩,如图 2.172 所示。

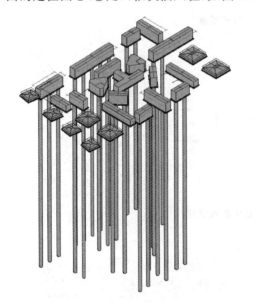

图 2.170　桩三维视图

图 2.171　桩自标高的高度偏移为 200 mm

　　(8)插入标高为 2.600 的桩。由于标高为 2.600 的桩与标高为 3.200 的桩的高差为 600 mm,所以在【属性】面板中【自标高的高度偏移】一栏中输入数值"600",如图 2.173 所示。找到桩相应的位置,并单击桩平面的圆心(①处),对应插入桩参照平面的定位圆心(②处),依次插入桩,如图 2.174 所示。

　　检查插入的桩。按下【F4】键可清晰看到插入桩后的三维效果,如图 2.175 所示。检查桩是否有遗漏,以及是否所有桩都与承台相接,如若不相接,及时检查并更改相关参数。

　　(9)保存项目。单击【另存为】→【项目】发出保存项目命令,将该项目命名为"6.桩",并单击【保存】按钮,如图 2.176 所示。

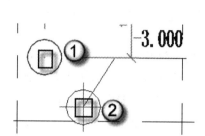

图 2.172　插入标高为 3.000 的桩

图 2.173　桩自标高的高度偏移为 600 mm

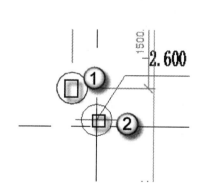

图 2.174　插入标高为 2.600 的桩

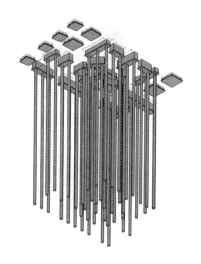

图 2.175　检查所有插入的桩

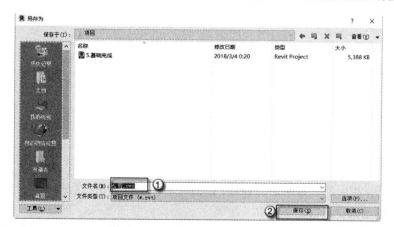

图 2.176　保存项目

2.2.3 绘制基础梁

基础梁可以与各种类型的基础进行特殊配合应用。设计时,须特别注意梁底标高应高于交错设置的相邻基础顶面标高。基础梁指设置在基础顶面以上,低于建筑标高正负零(±0.000),并且以框架柱为支座的梁。

基础梁有主次之分,基础主梁代号为JL,基础次梁代号为L。在 Revit 中,基础梁的形式多种多样,截面尺寸、梁标高、相对应位置等基本信息是绘制基础梁的重点。

(1)打开基础完成文件。单击【项目】→【打开】,在弹出的【打开】对话框中选择"7.柱"RVT项目文件,单击【打开】按钮,如图 2.177 所示。完成后进入项目制作界面,如图 2.178 所示。

图 2.177 打开柱文件

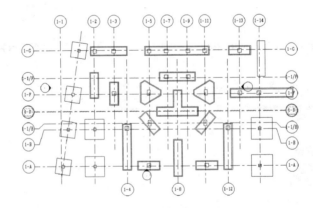

图 2.178 项目制作界面

(2)选择相应的结构平面。在【项目浏览器-7.柱】中单击【结构平面】,选择【结构平面】→【基础顶】视图,如图 2.179 所示。完成后如图 2.180 所示。

(3)绘制用于基础梁定位的基础梁参照平面。按下【RP】键,发出"参照平面"命令,一一绘制基础梁参照平面,完成后如图 2.181 所示。

图 2.179　选择相应的结构平面

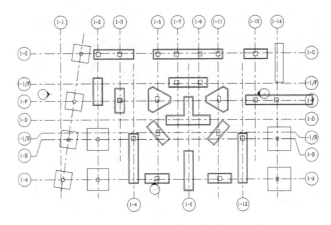

图 2.180　进入基础顶视图

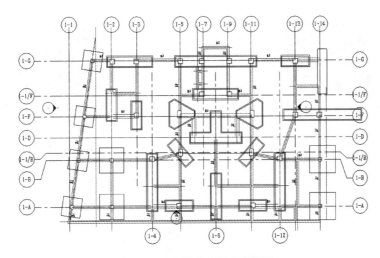

图 2.181　绘制基础梁参照平面

（4）载入基础梁。按下【BM】键，进入【修改｜放置梁】界面，发现【属性】框中缺少基础梁类型，如图 2.182 所示。于是，可通过单击【插入】→【载入族】，依次打开【结构】→【框架】→【混凝土】→【混凝土-矩形梁】族文件，并单击【打开】按钮，如图 2.183所示。完成后，发现【属性】框中梁的属性变为混凝土-矩形梁，如图 2.184 所示，说明成功载入族。

（5）定义基础梁属性。单击【编辑类型】按钮，如图 2.185 所示。弹出【类型属性】对话框，单击【复制】按钮，并在弹出的【名称】对话框中将【名称】更改为"JL2"，然后选择【确定】，如图 2.186 所示。更改基础梁 JL2 的相关参数，【b】为"250"、【h】为"500"，检查无误后单击【确定】按钮，如图 2.187 所示。

（6）插入第一类基础梁 JL2 并检查。在【修改｜放置梁】界面检查放置平面是否为"基础顶"选项。然后依次单击 JL2 所连接的两个柱，如图 2.188 所示。放置后发现梁的位置有偏差，则可先选中有偏差的基础梁，再按下【MV】键，选中①所在位置，

说明：由于在Revit 中基础梁会自动连接柱。如若没有柱，则基础梁无法连接。所以基础梁必须在柱完成的基础上进行插入，如此基础梁的绘制更为便捷。

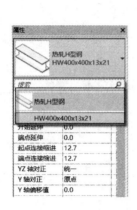

图 2.182　添加基础梁

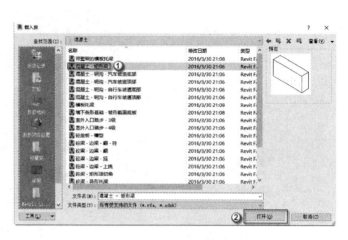

图 2.183　载入基础梁类型

图 2.184　完成载入基础梁

图 2.185　定义基础梁属性

图 2.186　更改基础梁名称

图 2.187　更改基础梁的相关参数

再选中②所在位置进行调整,如图 2.189 所示。调整完成后如图 2.190 所示,插入的基础梁与所画的基础梁的定位相对应。用上述方法继续完成所有编号为 JL2 的基础梁的插入。完成后,将光标移至已完成插入的基础梁上,该基础梁会呈现一个整体的状态,如图 2.191 所示。按下【F4】键进入三维视图,可看见基础梁严丝合缝地连接两柱,如图 2.192 所示。

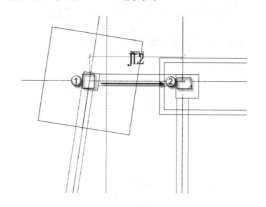

图 2.188 放置基础梁

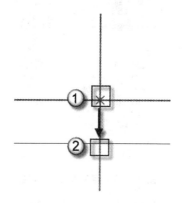

图 2.189 调整基础梁位置

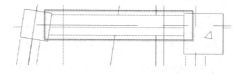

图 2.190 完成基础梁位置调整

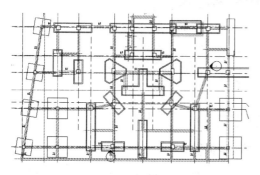

图 2.191 JL2 全部插入完成

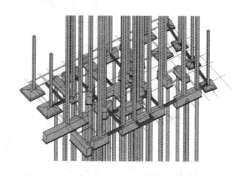

图 2.192 从三维视图检查 JL2 插入效果

(7) 按下【BM】键,单击【属性】→【编辑类型】,如图 2.193 所示。弹出【类型属性】对话框,单击【复制】按钮,并在弹出的【名称】对话框中将【名称】更改为"JL5",然后单击【确定】按钮,如图 2.194 所示。更改基础梁 JL5 的相关参数,【b】为"400"、【h】为"600",检查无误后单击【确定】按钮,如图 2.195 所示。

(8) 插入第二类基础梁 JL5 并检查。按下【BM】键,发出"梁"命令,然后依次单击 JL5 所连接的两个柱,如图 2.196 所示。放置后发现梁的位置有偏差,则可先选中

图 2.193　定义基础梁属性

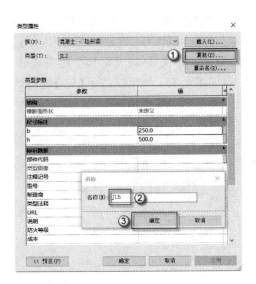

图 2.194　更改基础梁名称

图 2.195　更改基础梁的相关参数

有偏差的基础梁,再按下【MV】键发出"移动"命令,选中①所在位置,再选中②所在位置进行调整,如图 2.197 所示。调整完成后如图 2.198 所示,插入的基础梁与所画的基础梁的定位相对应。用上述方法继续完成所有编号为 JL5 的基础梁的插入。按下【F4】键,进入三维视图,可看见基础梁严丝合缝地连接两柱,如图 2.199 所示。

　(9)用与步骤(7)和(8)相同的方式完成 JL1、JL4、JL7 和 JL8 的属性定义,并插入基础顶平面,完成后如图 2.200 所示。按下【F4】键,进入三维视图检查插入的基础梁是否都正确,如若不正确要进行及时修正。最后选中所有的参考平面,按【Delete】键,进行删除,完成后如图 2.201 所示。

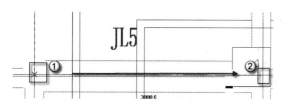

图 2.196 放置基础梁

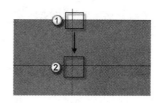

图 2.197 调整基础梁位置

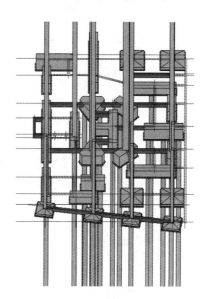

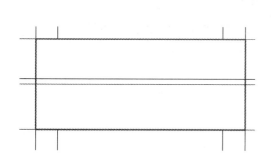

图 2.198 完成基础梁位置调整

图 2.199 从三维视图检查 JL5 插入效果

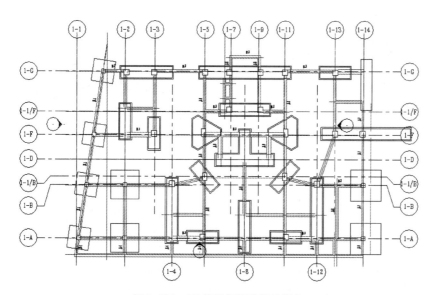

图 2.200 完成所有基础梁的插入

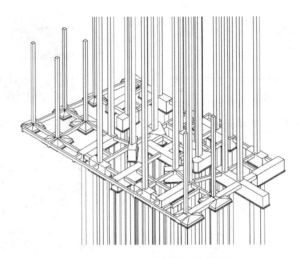

图 2.201　检查所有插入的基础梁

（10）保存项目。单击【另存为】→【项目】发出保存项目命令，将其保存为"8.基础梁"RVT 项目文件，并单击【保存】按钮，如图 2.202 所示。

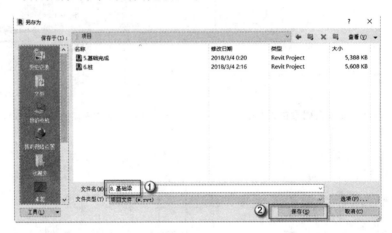

图 2.202　保存项目

第3章 受压构件

受压构件主要有柱、墙。构件承受的压力作用点与构件的轴心偏离,使构件既受压又受弯时,即为偏心受压构件(亦称压弯构件),常见于屋架的上弦杆、框架结构柱、砖墙及砖垛等。本章主要介绍受压构件中的框架柱与剪力墙。

3.1 柱

本节中的柱是指框架柱。框架柱在框架结构中承受梁和板传来的荷载,并将荷载传给基础,是主要的竖向构件。框架柱的类型很多,在房屋建筑中,框架结构及框架剪力墙结构中最为常见的是矩形框架柱,其次是圆形框架柱及其他类型的框架柱。

3.1.1 商铺柱

在房屋建筑领域,商铺通常在一到四层,此节主要介绍了一到三层框架柱(即商铺柱)的绘制。所以在算量的时候,将商铺柱与住宅柱分开算量。

(1)打开桩文件。单击【项目】→【打开】,在弹出的【打开】对话框中选择"6.桩" RVT项目文件,单击【打开】按钮,如图3.1所示。完成后进入项目制作界面,并删除桩参照平面,完成后如图3.2所示。

图3.1 打开桩文件

(2)选择相应的结构平面。在【项目浏览器】中选择【结构平面】→【基础顶】,如图3.3所示。这样会进入基础顶结构平面视图,如图3.4所示。

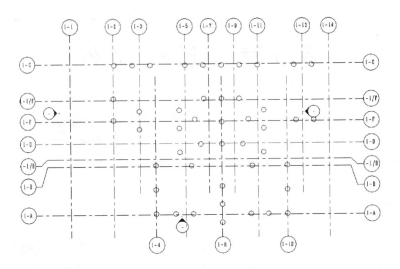

图 3.2　项目制作界面

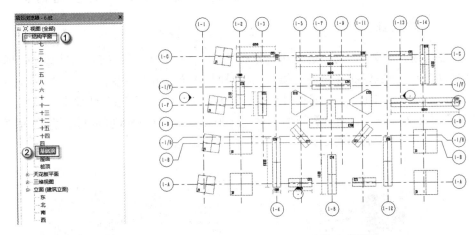

图 3.3　选择相应的结构平面　　　　**图 3.4　进入基础顶平面**

（3）确定柱的参照平面。选中基础参照平面,并按下【Delete】键,完成后如图3.5所示。由于图中的框柱都位于基础顶面之上,所以柱的参照平面也位于基础顶平面上。导入柱的参照平面,完成后如图3.6所示。

（4）载入柱。按下【CL】键,进入【修改│放置结构柱】界面,发现【属性】框中缺少框架柱类型,如图3.7所示。于是,可通过单击【插入】→【载入族】按钮,依次打开【结构】→【柱】→【混凝土】→【混凝土-矩形-柱】项目,并单击【打开】按钮,如图3.8所示。完成后,发现【属性】栏中柱的属性变为混凝土-矩形-柱,如图3.9所示,说明成功载入族。

（5）定义混凝土-矩形-柱属性。单击【编辑类型】按钮,如图3.10所示。弹出【类型属性】对话框,单击【复制】按钮,并在弹出的【名称】对话框中将【名称】更改为

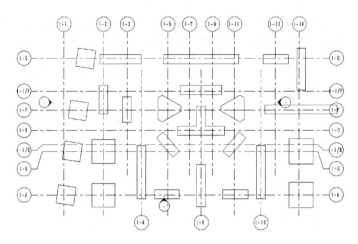

图 3.5　删除基础参照平面

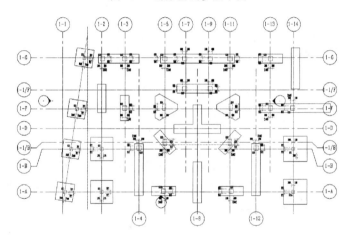

图 3.6　导入柱参照平面

图 3.7　添加柱

图 3.8　载入柱类型

"KZ1",然后单击【确定】按钮,如图3.11所示。更改混凝土-矩形-柱KZ1的相关参数,【b】为"350"、【h】为"350",检查无误后单击【确定】按钮,如图3.12所示。

图3.9 完成载入柱

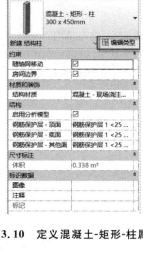

图3.10 定义混凝土-矩形-柱属性

图3.11 更改混凝土-矩形-柱名称

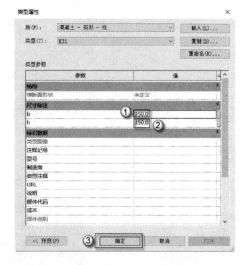

图3.12 更改混凝土-矩形-柱的相关参数

(6)插入第一类混凝土-矩形-柱KZ1并检查。在【修改│放置结构柱】界面更改放置的"深度"为"高度"选项,因为柱的高度达到了标高为9.870的结构三层,所以将【层数】改为"三",并勾选"放置后旋转",取消勾选"房间边界"选项。选择放置柱的两个点(①和②)并确定,如图3.13所示。放置后发现柱的位置有偏差,则可先选中有偏差的柱,再按下【MV】键发出"移动"命令,从①处移动到②处进行调整,如图3.14所示。调整完成后如图3.15所示,插入的柱与所导入的柱的定位相对应。用上述方法继续完成所有编号为KZ1的混凝土-矩形-柱的插入。操作完成后,如图3.16所示。

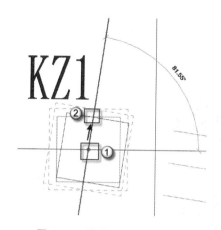

图 3.13　放置混凝土-矩形-柱

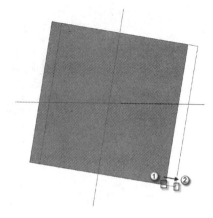

图 3.14　调整混凝土-矩形-柱位置

图 3.15　完成混凝土-矩形-
柱位置调整

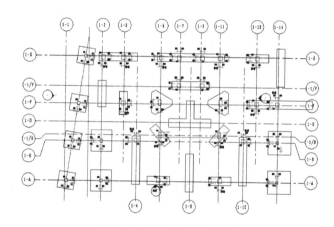

图 3.16　KZ1 全部插入完成

按下【F4】键,进入三维视图检查插入的混凝土-矩形-柱的位置是否都正确,如若不正确要进行及时修正,如图 3.17 所示。

（7）调整位于基础 J1 上方的 KZ1。在【项目浏览器-6.桩】中单击【立面（建筑立面）】→【北】,进入北立面视图,如图 3.18 所示。可看见混凝土-矩形-柱位于基础之上但不与基础相连,如图 3.19 所示。选中位于基础 J1 上方的 KZ1,在【属性】面板的【底部偏移】栏中输入"－200",如图 3.20 所示。完成后可看见 KZ1 在基础之上并且与基础相连,如图 3.21 所示。按下【F4】键,进入三维视图,旋转三维视图,并检查插入的混凝土-矩形-柱的底部是否都与基础相连,如图 3.22 所示。

（8）调整位于基础 J2 和 J3 上方的 KZ1。选中位于基础 J2 和 J3 上方的 KZ1,在【属性】面板的【底部偏移】栏中输入"－50",如图 3.23 所示。完成后可看见 KZ1 与基础相连,如图 3.24 所示。按下【F4】键,进入三维视图。旋转三维视图,并检查插入的混凝土-矩形-柱底部是否都与基础相连。

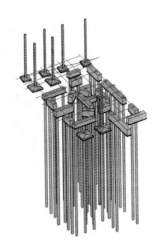

图 3.17 从三维视图检查 KZ1 插入效果

图 3.18 进入北立面视图

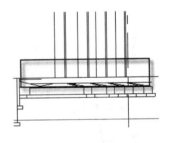

图 3.19 在北立面查看

图 3.20 柱底部偏移

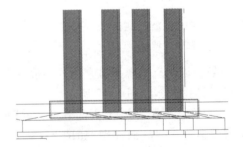

图 3.21 柱完成底部偏移

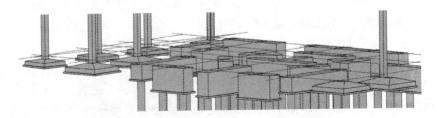

图 3.22 进入三维视图检查柱与基础是否相连

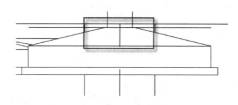

图 3.23　柱底部偏移　　　　　　　图 3.24　柱完成底部偏移

（9）插入位于基础 J3 上方的 KZ1a。单击选中 KZ1，按下【CO】键发出"复制"命令，从①处移动到②处，如图 3.25 所示。复制完成后，如图 3.26 所示。选中刚复制的 KZ1，单击【属性】面板中的【编辑类型】按钮，如图 3.27 所示。在弹出的【属性类型】对话框中单击【复制】按钮，并在弹出的【名称】对话框中将【名称】更改为"KZ1a"，然后连续两次单击【确定】按钮，如图 3.28 所示。完成后再选中 KZ1a，发现【属性】面板中此柱属性变为 KZ1a，如图 3.29 所示。

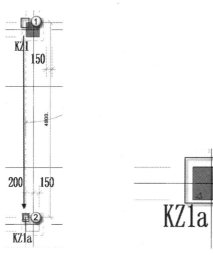

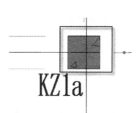

图 3.25　复制混凝土-　　　图 3.26　完成复制混凝土-　　　图 3.27　修改混凝土-
　　　　　矩形-柱　　　　　　　　　　矩形-柱　　　　　　　　　　矩形-柱属性

检查插入的混凝土-矩形-柱。按下【F4】键可清晰看到插入混凝土-矩形-柱后的三维效果，如图 3.30 所示。检查混凝土-矩形-柱是否有遗漏，以及是否所有混凝土-矩形-柱都与基础相接，如若不相接，及时检查并更改相关参数。

（10）保存项目。单击【另存为】→【项目】，将该项目命名为"7.商铺柱"，并单击

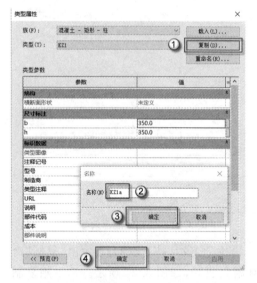

图 3.28　修改混凝土-矩形-柱名称

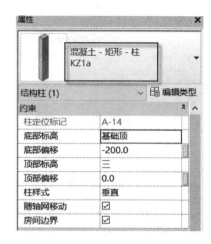

图 3.29　检查混凝土-矩形-柱修改是否成功

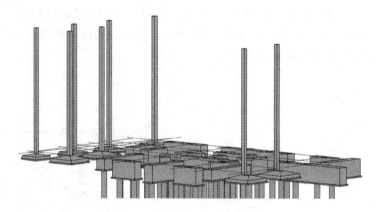

图 3.30　商铺柱完成后的三维视图

【保存】按钮,如图 3.31 所示。

3.1.2　住宅柱

Revit 中矩形框架柱族是系统族,不需要设计者自己去创建族,只需要先将系统族导入项目中,然后进行参数上的修改即可。

(1)打开商铺柱文件。单击【项目】→【打开】,在弹出的【打开】对话框中选择"7.商铺柱"RVT 项目文件,单击【打开】按钮,如图 3.32 所示。完成后进入项目制作界面,如图 3.33 所示。

(2)选择相应的结构平面。在【项目浏览器-7.商铺柱】中单击【结构平面】→【基础顶】结构平面视图,如图 3.34 所示。完成后进入基础顶结构平面视图,如图3.35所示。

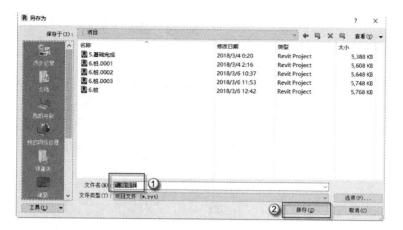

图 3.31　保存商铺柱项目

图 3.32　打开商铺柱文件

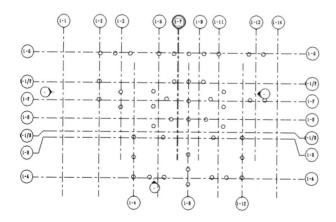

图 3.33　项目制作界面

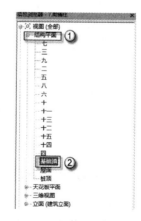

图 3.34　选择相应的结构平面

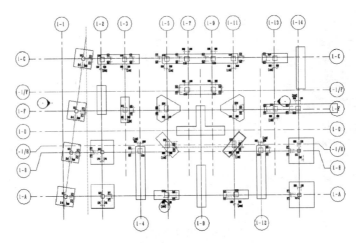

图 3.35 进入基础顶结构平面视图

说明:部分 KZ2 可以通过按下【MM】键发出"有轴镜像"命令得到。灵活运用"复制"命令(快捷键为【CO】)和"有轴镜像"命令(快捷键为【MM】),可以较快且方便地完成住宅柱的插入。

(3)定义 KZ2 属性。按下【CL】键,进入【修改│放置结构柱】界面,单击【编辑类型】按钮,如图 3.36 所示。弹出【类型属性】对话框,单击【复制】按钮,并在弹出的【名称】对话框中将【名称】更改为"KZ2",然后单击【确定】按钮,如图 3.37 所示。更改 KZ2 的相关参数,【b】为"500"、【h】为"500",检查无误后单击【确定】按钮,如图 3.38 所示。

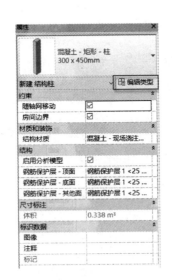

图 3.36 定义住宅柱 KZ2 属性

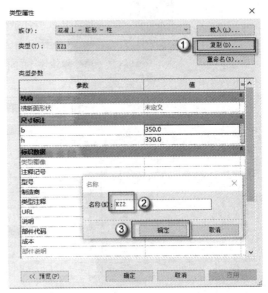

图 3.37 更改住宅柱 KZ2 名称

(4)插入 KZ2 并检查。在【修改│放置结构柱】界面更改放置的"深度"为"高度",因为住宅柱的高度达到了 46.27 m,是结构的屋面层,所以将【层数】改为"屋面",取消"房间边界"选项的勾选。选择放置柱的位置(①处),如图 3.39 所示。放置后发现 KZ2 的位置有偏差,则可先选中有偏差的 KZ2,再按下【MV】键发出"移动"命令,从①处移动到②处,如图 3.40 所示。调整完成后如图 3.41 所示,插入的柱与所导入的柱的定位相对应。用上述方法继续完成所有编号为 KZ2 的住宅柱的插入。完成操作后,如图 3.42 所示。按下【F4】键,进入三维视图检查插入的柱的位置是否都正确,如若不正确要进行及时修正,如图 3.43 所示。

图 3.38　更改住宅柱 KZ2 相关参数

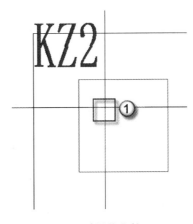

图 3.39　放置住宅柱 KZ2

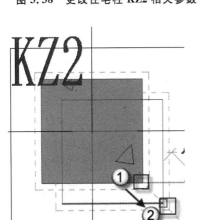

图 3.40　调整住宅柱 KZ2 位置

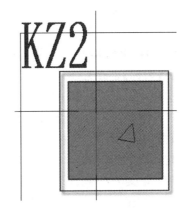

图 3.41　完成住宅柱 KZ2 位置调整

(5)插入位于 J3 上的 KZ2a。单击选中 KZ2,按下【CO】键发出"复制"命令,选中 KZ2 的一个角点(①处),再选中 KZ2a 的另一个角点(②处),如图 3.44 所示。完成操作后,如图 3.45 所示。选中 KZ2a,单击【属性】面板中的【编辑类型】按钮,如图 3.46 所示。在弹出的【类型属性】对话框中单击【复制】按钮,并在弹出的【名称】对话

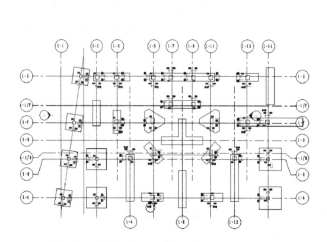

图 3.42 编号为 KZ2 的住宅柱全部插入完成

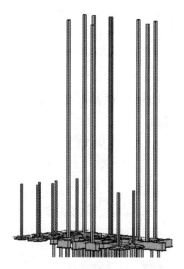

图 3.43 从三维视图检查 KZ2 插入效果

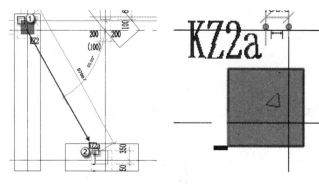

图 3.44 复制 KZ2 　　图 3.45 完成复制 KZ2

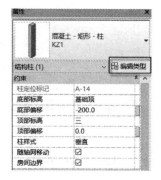

图 3.46 修改 KZ2 属性

框中将【名称】更改为"KZ2a",然后连续两次单击【确定】按钮,如图 3.47 所示。完成后再选中 KZ2a,发现【属性】面板中此柱属性变为 KZ2a,如图 3.48 所示。

(6)检查插入的 KZ2 和 KZ2a。按下【F4】键可清晰看到插入住宅柱后的三维效果,如图 3.49 所示。检查住宅柱 KZ2 和 KZ2a 是否有遗漏,以及是否所有住宅柱都与基础相接,如若不相接,及时检查并更改相关参数。

(7)定义 KZ3 属性。按下【CL】键,进入【修改│放置结构柱】界面,单击【编辑类型】按钮,如图 3.50 所示。弹出【类型属性】对话框,单击【复制】按钮,并在弹出的【名称】对话框中将【名称】更改为"KZ3",然后连续两次单击【确定】按钮,如图 3.51 所示。

(8)插入 KZ3 并检查。在【修改│放置结构柱】界面更改放置的"深度"为"高度"选项,因为住宅柱的高度达到了 46.27 m,是结构的屋面层,所以将【层数】改为"屋面",取消"房间边界"选项的勾选。选择放置柱的位置(①处),如图 3.52 所示。

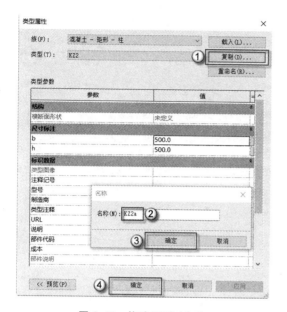

图 3.47　修改 KZ2a 名称

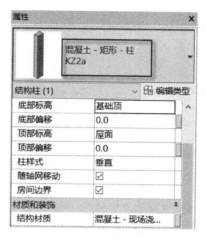

图 3.48　检查 KZ2a 修改是否成功

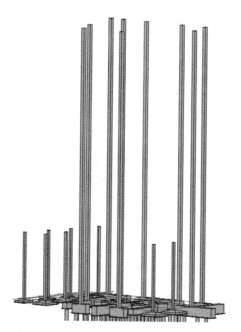

图 3.49　住宅柱 KZ2a 完成后的三维视图

放置后发现 KZ3 的位置有偏差，则可先选中有偏差的 KZ3，再按下【MV】键发出"移动"命令，从①处移动到②处进行调整，如图 3.53 所示。调整完成后如图 3.54 所示，插入的柱与所导入的柱的定位相对应。选中已插入的 KZ3，按下【MM】键发出"有轴镜像"命令，选择相应的镜像轴，完成镜像，如图 3.55 所示。按下【F4】键，进入三维

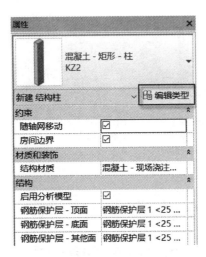

图 3.50 定义住宅柱 KZ3 属性 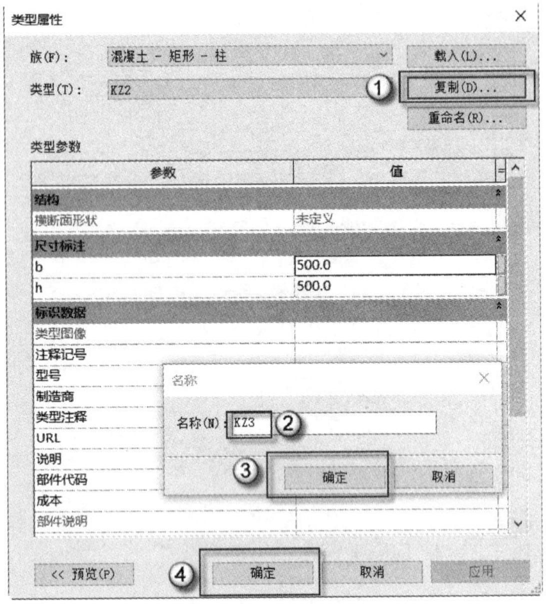   图 3.51 更改住宅柱 KZ3 名称

视图检查插入的住宅柱 KZ3 的位置是否都正确,如图 3.56 所示,如若不正确要进行及时修正。

图 3.52 选择 KZ3 插入点   图 3.53 调整 KZ3 插入位置   图 3.54 完成 KZ3 位置调整

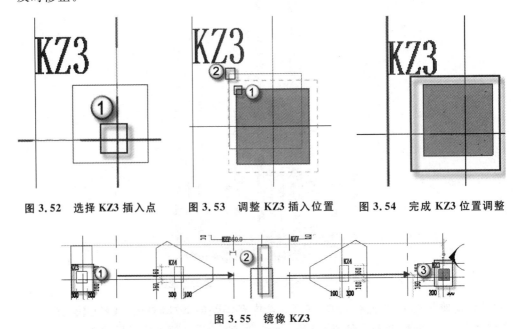

图 3.55 镜像 KZ3

(9) 定义 KZ4 属性。按下【CL】键,进入【修改│放置结构柱】界面,单击【编辑类型】按钮,如图 3.57 所示。弹出【类型属性】对话框,单击【复制】按钮,并在弹出的【名

称】对话框中将【名称】更改为"KZ4",然后单击【确定】按钮,如图 3.58 所示。更改 KZ4 的相关参数,【b】为"400"、【h】为"700",检查无误后单击【确定】按钮,如图 3.59 所示。

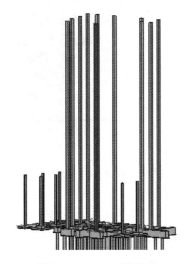

图 3.56　KZ3 三维视图

图 3.57　定义住宅柱 KZ4 属性

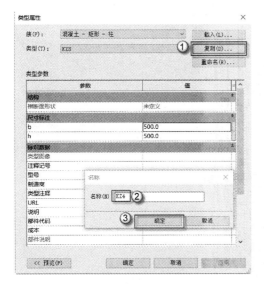

图 3.58　更改住宅柱 KZ4 名称

图 3.59　更改 KZ4 相关参数

　　(10) 插入 KZ4 并检查。选择放置柱的位置(①处),如图 3.60 所示。放置后发现 KZ4 的位置有偏差,则可先选中有偏差的 KZ4,再按下【MV】键发出"移动"命令,从①处移动到②处进行调整,如图 3.61 所示。调整完成后如图 3.62 所示,插入的柱与所导入的柱的定位相对应。选中已插入的 KZ4,按下【MM】键,发出"有轴镜像"命令,选择相应的镜像轴,完成镜像,如图 3.63 所示。按下【F4】键,进入三维视图检查插入的住宅柱 KZ4 的位置是否都正确,如图 3.64 所示,如若不正确要进行及时修正。

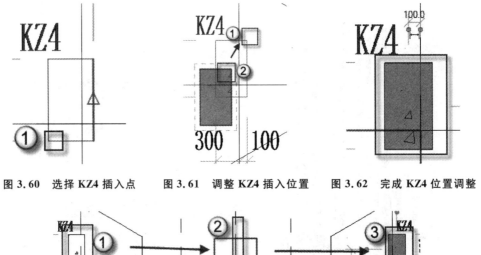

图 3.60　选择 KZ4 插入点　　图 3.61　调整 KZ4 插入位置　　图 3.62　完成 KZ4 位置调整

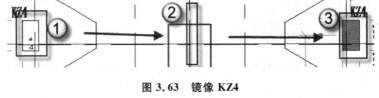

图 3.63　镜像 KZ4

图 3.64　KZ4 三维视图

(11) 定义 KZ5 属性。按下【CL】键,进入【修改 | 放置结构柱】界面,单击【编辑类型】按钮,如图 3.65 所示。弹出【类型属性】对话框,单击【复制】按钮,并在弹出的【名称】对话框中将【名称】更改为"KZ5",然后连续两次单击【确定】按钮,如图 3.66 所示。

(12) 插入 KZ5 并检查。选择放置柱的位置(①处),如图 3.67 所示。放置后发

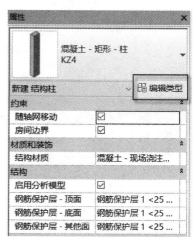

图 3.65　定义住宅柱 KZ5 属性　　　　图 3.66　更改住宅柱 KZ5 名称

现 KZ5 的位置有偏差,则可先选中有偏差的 KZ5,再按下【MV】键发出"移动"命令,从①处移动到②处进行调整,如图 3.68 所示。调整完成后如图 3.69 所示,插入的柱与所导入的柱的定位相对应。选中已插入的 KZ5,按下【MM】键,发出"有轴镜像"命令,选择相应的镜像轴完成镜像,如图 3.70 所示。按下【F4】键,进入三维视图检查插入的住宅柱 KZ5 的位置是否都正确,如图 3.71 所示,如若不正确要进行及时修正。

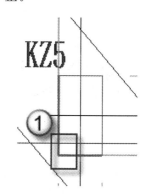
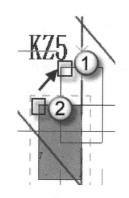
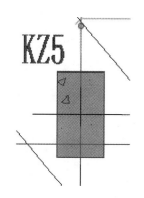

图 3.67　选择 KZ5 插入点　　图 3.68　调整 KZ5 插入位置　　图 3.69　完成 KZ5 位置调整

　　(13) 定义 KZ6 属性。按下【CL】键,进入【修改 | 放置结构柱】界面,单击【编辑类型】按钮,如图 3.72 所示。弹出【类型属性】对话框,单击【复制】按钮,并在弹出的【名称】对话框中将【名称】更改为"KZ6",然后连续两次单击【确定】按钮,如图 3.73 所示。更改 KZ6 的相关参数,【b】为"500"、【h】为"500",检查无误后单击【确定】按

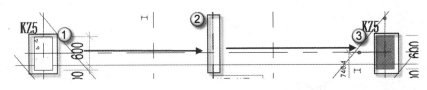

图 3.70 镜像 KZ5

图 3.71 KZ5 三维视图

图 3.72 定义住宅柱 KZ6 属性

钮,如图 3.74 所示。

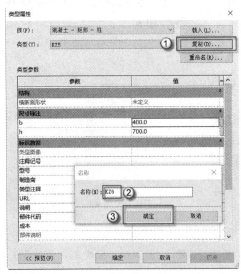

图 3.73 更改住宅柱 KZ6 名称

图 3.74 更改 KZ6 相关参数

(14)插入 KZ6 并检查。选择放置柱的位置(①处),如图 3.75 所示。放置后发现 KZ6 的位置有偏差,则可先选中有偏差的 KZ6,再按下【MV】键发出"移动"命令,从①处移动到②处进行调整,如图 3.76 所示。调整完成后如图 3.77 所示,插入的柱与所导入的柱的定位相对应。选中已插入的 KZ6,按下【MM】键,发出"有轴镜像"命令,选择相应的镜像轴完成镜像,如图 3.78 所示。按下【F4】键,进入三维视图检查插入的住宅柱 KZ6 的位置是否都正确,如图 3.79 所示,如若不正确要进行及时修正。

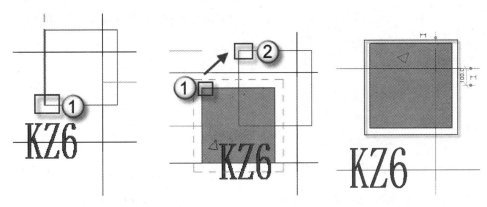

图 3.75 选择 KZ6 插入点   图 3.76 调整 KZ6 插入位置   图 3.77 完成 KZ6 位置调整

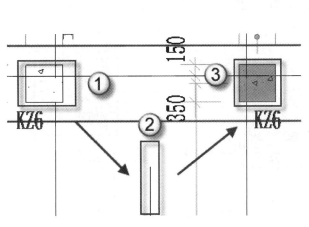

图 3.78 镜像 KZ6

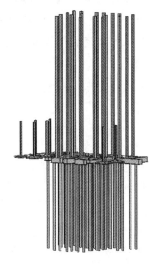

图 3.79 KZ6 三维视图

(15) 定义 KZ7 属性。按下【CL】键,进入【修改│放置结构柱】界面,单击【编辑类型】按钮,如图 3.80 所示。弹出【类型属性】对话框,单击【复制】按钮,并在弹出的【名称】对话框中将【名称】更改为"KZ7",然后连续两次单击【确定】按钮,如图 3.81 所示。

(16) 插入 KZ7 并检查。选择放置柱的位置(①处),如图 3.82 所示。放置后发现 KZ7 的位置有偏差,则可先选中有偏差的 KZ7,再按下【MV】键发出"移动"命令,从①处移动到②处进行调整,如图 3.83 所示。调整完成后如图 3.84 所示,插入的柱

图 3.80 定义住宅柱 KZ7 属性

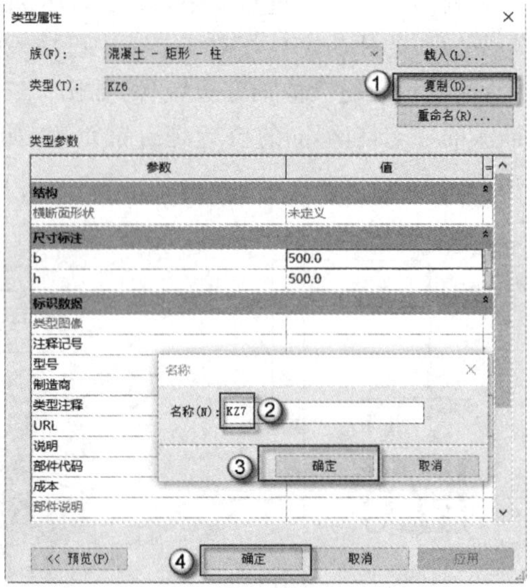

图 3.81 更改住宅柱 KZ7 名称

与所导入的柱的定位相对应。选中已插入的 KZ7,按下【MM】键,发出"有轴镜像"命令,选择相应的镜像轴完成镜像,如图 3.85 所示。按下【F4】键,进入三维视图检查插入的住宅柱 KZ7 的位置是否都正确,如图 3.86 所示,如若不正确要进行及时修正。

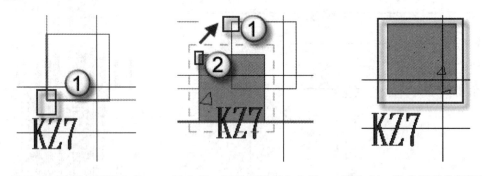

图 3.82 选择 KZ7 插入点   图 3.83 调整 KZ7 插入位置   图 3.84 完成 KZ7 位置调整

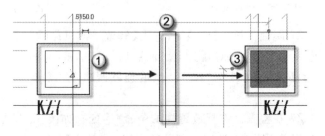

图 3.85 镜像 KZ7

（17）保存项目。单击【另存为】→【项目】发出保存项目命令,将该项目命名为
"8.住宅柱",并单击【保存】按钮,如图 3.87 所示。

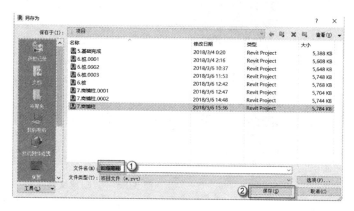

图 3.86　KZ7 三维视图　　　　　　图 3.87　保存住宅柱项目

3.2　剪力墙

剪力墙又称抗风墙、抗震墙或结构墙,是房屋或构筑物中主要承受风荷载或地震
作用引起的水平荷载和竖向荷载(重力)的墙体,防止结构剪切(受剪)破坏,一般用钢
筋混凝土做成。

剪力墙分为平面剪力墙和筒体剪力墙。平面剪力墙用于钢筋混凝土框架结构、
升板结构、无梁楼盖体系中。为增加结构的刚度、强度及抗倒塌能力,在某些部位可
现浇或预制装配钢筋混凝土剪力墙。现浇剪力墙与周边梁、柱同时浇筑,整体性好。
筒体剪力墙用于高层建筑、高耸结构和悬吊结构中,由电梯间、楼梯间、设备及辅助用
房的间隔墙围成,筒壁均为现浇钢筋混凝土墙体,相比平面剪力墙可承受更大的水平
荷载。

3.2.1　1～3 层剪力墙

墙根据受力特点可以分为承重墙和剪力墙,前者以承受竖向荷载为主;后者以承
受水平荷载为主。在抗震设防区,水平荷载主要由水平地震作用产生,因此剪力墙有
时也称为抗震墙。本节主要介绍如何绘制 1～3 层的剪力墙,常用的有"T"形、"L"
形、"十"字形、"Z"形、折线形、"一"字形。

（1）打开基础梁文件。单击【项目】→【打开】,在弹出的【打开】对话框中选择
"8.基础梁"RVT 项目文件,单击【打开】按钮,如图 3.88 所示。完成后进入项目制作
界面,如图 3.89 所示。

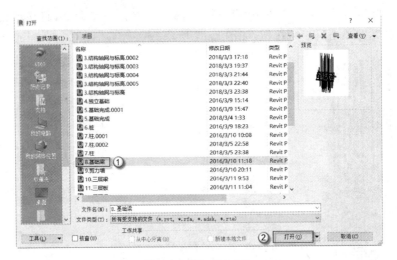

图 3.88 基础梁文件

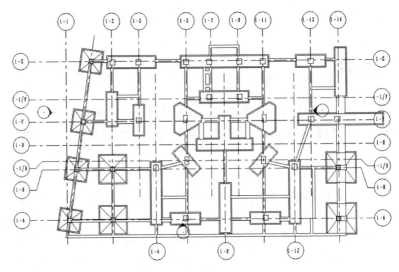

图 3.89 项目制作界面

注意:由于
1~3 层剪力墙有
Q1,3 层以上也
有,但 3 层以上的
剪力墙截面与 1~
3 层剪力墙不同。
为了区别,命名
1~3 层剪力墙时,
将 其 命 名 为
"1Q1"。

(2)选择相应的结构平面并确定 1~3 层剪力墙的位置。在【项目浏览器-8.基础梁】中单击【结构平面】→【基础顶】选项,如图 3.90 所示。进入相应的结构平面进行作图,如图 3.91 所示。

(3)定义 1~3 层剪力墙属性。单击【结构】→【墙】→【墙:结构】,进入【修改│放置结构墙】界面,单击【编辑类型】按钮,如图 3.92 所示。弹出【类型属性】对话框,单击【复制】按钮,并在弹出的【名称】对话框中将【名称】更改为"1Q1",然后单击【确定】按钮,如图 3.93 所示。

(4)赋予 1~3 层剪力墙材质。在【类型属性】对话框中单击【编辑】按钮,如图 3.94 所示。在弹出的【编辑部件】对话框中更改【厚度】为"300",再按下【材质】栏后的

图 3.90　选择相应的
结构平面

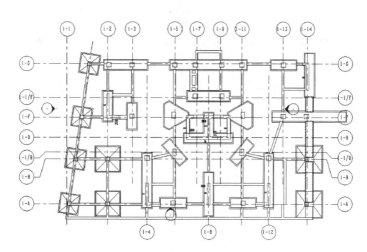

图 3.91　确定 1～3 层剪力墙的位置

图 3.92　定义 1～3 层剪力墙属性

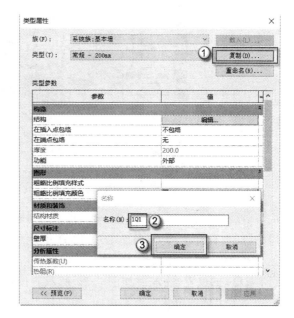

图 3.93　更改 1～3 层剪力墙名称

【…】按钮,如图 3.95 所示。在弹出的【材质浏览器】对话框中,选择"混凝土-现场浇注混凝土"材质,并连续两次单击【确定】按钮,如图 3.96 所示。这样就完成了 1～3 层剪力墙的属性编辑。

(5)插入 1～3 层剪力墙 1Q1 并检查。回到【修改│放置结构墙】界面,更改放置

图 3.94 编辑 1~3 层剪力墙属性

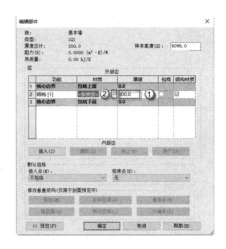

图 3.95 编辑 1~3 层剪力墙厚度

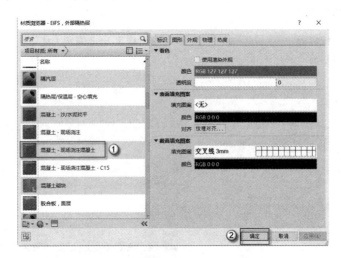

图 3.96 赋予 1~3 层剪力墙材质

的"深度"为"高度"选项,因为 1~3 层剪力墙的高度达到了 9.870 m,是结构三层,所以将【层数】改为"三"。选择 1~3 层剪力墙的放置点(①→②→③),放置剪力墙,如图 3.97 所示。剪力墙放置完成后,如图 3.98 所示。用上述相同的方式,完成项目中所有 1Q1 的放置,完成后如图 3.99 所示。按下【F4】键,进入三维视图,检查插入的 1~3 层剪力墙的位置是否都正确,如图 3.100 所示。

(6)插入 1~3 层剪力墙 1Q2 并检查。单击【结构】→【墙】→【墙:结构】,进入【修改|放置结构墙】界面,因为 1~3 层剪力墙的高度达到了 9.870 m,是结构三层,所以将【层数】改为"三"。点取 1~3 层剪力墙的放置点(①→②),如图 3.101 所示。选中该剪力墙,如图 3.102 所示。单击【编辑类型】按钮,如图 3.103 所示。弹出【类型属性】对话框,单击【复制】按钮,并在弹出的【名称】对话框中将【名称】更改为"1Q2",

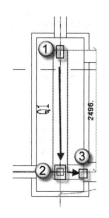

图 3.97　放置 1Q1

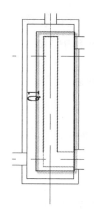

图 3.98　完成 1Q1 放置

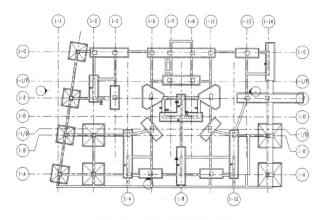

图 3.99　完成所有 1Q1 放置

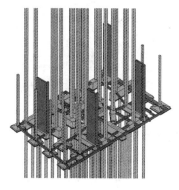

图 3.100　检查插入的 1Q1

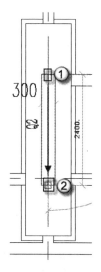

图 3.101　插入剪力墙 1Q2

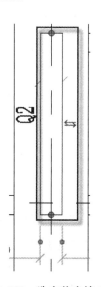

图 3.102　选中剪力墙 1Q2

图 3.103　编辑剪力墙 1Q2

连续两次单击【确定】按钮,如图3.104所示。回到【修改│放置结构墙】界面,可观察到【属性】面板中1Q2名称生效,如图3.105所示。

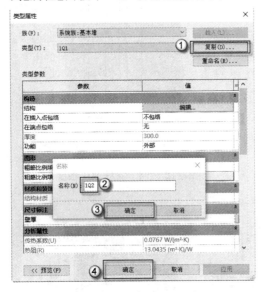

图3.104　更改剪力墙名称 　　　　　图3.105　检验剪力墙更改生效

(7) 绘制Q3参考线。按下【RP】键,发出"参照平面"命令,沿Q3水平方向绘制横向参考线,从①绘制到②,如图3.106所示。选中该参考线,按下【MV】键发出"移动"命令,从①处向右水平移动光标,输入移动距离为"200"并按下【Enter】键确定,如图3.107所示。以相同方式完成竖直方向的参考线绘制,完成后如图3.108所示。

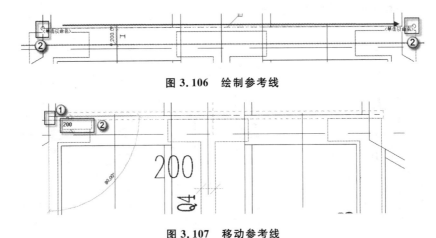

图3.106　绘制参考线

图3.107　移动参考线

(8) 编辑1Q3类型属性。单击【结构】→【墙】→【墙:结构】,进入【修改│放置结构墙】界面,更改放置的"深度"为"高度"选项,因为1～3层剪力墙的高度达到了9.870 m,是结构三层,所以将【层数】改为"三"。单击【编辑类型】按钮,如图3.109

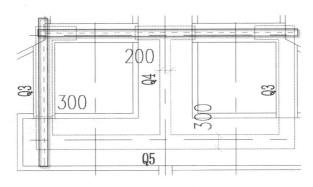

图 3.108　完成参考线绘制

所示。弹出【类型属性】对话框,单击【复制】按钮,并在弹出的【名称】对话框中将【名称】更改为"1Q3",然后单击【确定】按钮,检查墙体【厚度】是否为"300",按下【类型属性】对话框中的【确定】按钮,如图 3.110 所示。

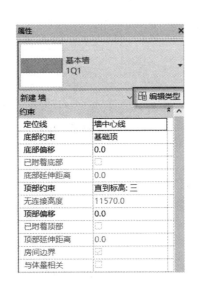

图 3.109　编辑 1Q3 剪力墙类型

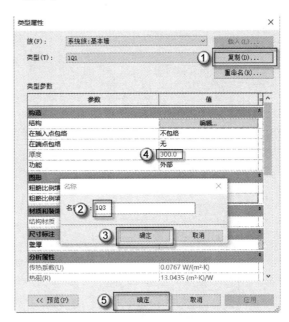

图 3.110　编辑 1Q3 剪力墙名称

　　(9) 插入所有 1Q3 剪力墙。选择 1~3 层剪力墙的放置点(①→②→③→④),如图 3.111 所示。插入完成,发现最后一段剪力墙位置有些偏移,单击选中该段剪力墙,按下【MV】键,发出"移动"命令,从①处移动到②处进行调整,如图 3.112 所示。完成后如图 3.113 所示。配合【Ctrl】键选择 1Q3 的三段剪力墙,如图 3.114 所示。用上述相同方式插入横向的 1Q3,如图 3.115 所示。按下【MM】键发出"有轴镜像"命令,选择相应的镜像轴进行镜像,完成后如图 3.116 所示。

　　(10) 编辑 1~3 层剪力墙 1Q4 名称。单击【结构】→【墙】→【墙:结构】,进入【修改│放置结构墙】界面,单击【编辑类型】按钮,如图 3.117 所示。弹出【类型属性】对

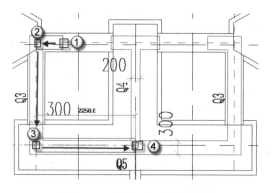

图 3.111　点取 1Q3 剪力墙位置

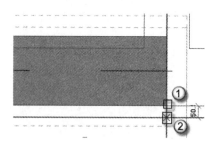

图 3.112　移动 1Q3 剪力墙

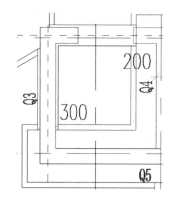

图 3.113　1Q3 剪力墙完成移动

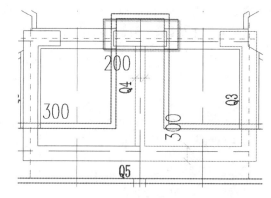

图 3.114　完成插入 1Q3 剪力墙

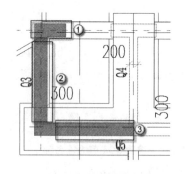

图 3.115　选择镜像对象

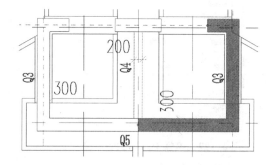

图 3.116　完成 1Q3 镜像

话框,单击【复制】按钮,并在弹出的【名称】对话框中将【名称】更改为"1Q4",然后单击【确定】按钮,如图 3.118 所示。

(11)设置 1～3 层剪力墙 1Q4 厚度。在【类型属性】对话框中单击【复制】按钮,在弹出的【名称】对话框【名称】栏中输入"1Q4"字样,单击【确定】按钮,如图 3.119 所示。按下【类型属性】对话框中的【编辑】按钮,完成后弹出【编辑部件】对话框,更改【编辑部件】对话框中【厚度】为"200",如图 3.120 所示。并单击【确定】按钮,完成

图 3.117 编辑类型

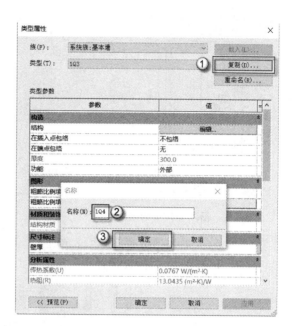

图 3.118 更改 1Q4 名称

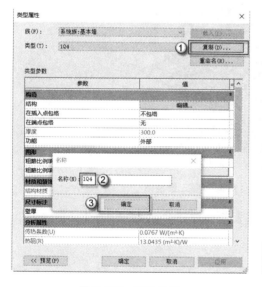

图 3.119 更改名称

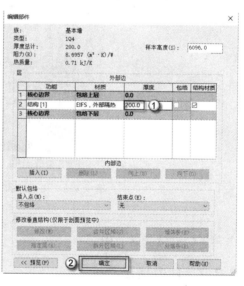

图 3.120 设置 1Q4 剪力墙厚度

1～3 层剪力墙 1Q4 厚度设置。

（12）插入 1～3 层剪力墙 1Q4 并检查。单击【结构】→【墙】→【墙：结构】，进入【修改│放置结构墙】界面，因为 1～3 层剪力墙的高度达到了 9.870 m，是结构三层，所以将【层数】改为"三"。选择 1～3 层剪力墙的放置点（①→②），如图 3.121 所示。完成后如图 3.122 所示。

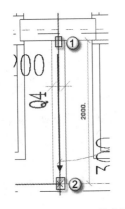

图 3.121 插入 1Q4 剪力墙

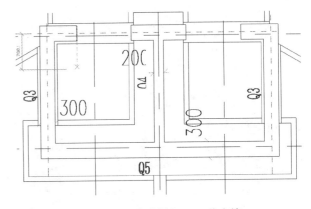

图 3.122 完成插入 1Q4 剪力墙

(13)检查插入的所有剪力墙。按下【F4】键可清晰看到插入剪力墙后的三维效果,如图 3.123 所示。检查是否有遗漏的剪力墙,如有缺失及时补上。

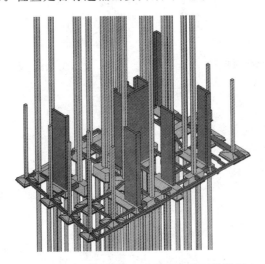

图 3.123 完成后的 1～3 层剪力墙三维视图

(14)保存项目。单击【另存为】→【项目】,将该项目命名为"9.1～3 层剪力墙",并单击【保存】按钮,如图 3.124 所示。

3.2.2 剪力墙连梁

剪力墙连梁指在剪力墙结构和框架-剪力墙结构中,连接墙肢与墙肢,在墙肢平面内相连的梁。连梁一般具有跨度小、截面大、与连梁相连的墙体刚度很大等特点。在风荷载和地震荷载作用下,连梁的内力往往很大。

通俗点说,剪力墙连梁是两面墙(剪力墙)中间有洞口或断开,但为满足受力要求又要将其连在一起而增加的受力构件。在剪力墙连梁下面一般是有洞口的。

(1)打开 1～3 层剪力墙文件。单击【项目】→【打开】,在弹出的【打开】对话框中

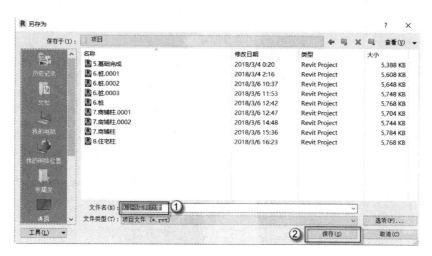

图 3.124　保存 1～3 层剪力墙项目

选择"9.1～3 层剪力墙"RVT 项目文件,单击【打开】按钮,如图 3.125 所示。完成后进入项目制作界面,如图 3.126 所示。

图 3.125　打开 1～3 层剪力墙文件

(2) 选择相应的结构平面。在【项目浏览器-9.1～3 层剪力墙】中单击【结构平面】→【二】,如图 3.127 所示。完成后如图 3.128 所示。

(3) 定义剪力墙连梁属性。单击【结构】→【梁】,进入【修改∣放置梁】界面,单击【编辑类型】按钮,如图 3.129 所示。弹出【类型属性】对话框,单击【复制】按钮,并在弹出的【名称】对话框中将【名称】更改为"2LL1",然后单击【确定】按钮,如图 3.130所示。

(4) 更改剪力墙连梁 2LL1 相关参数。在【类型属性】对话框的【b】后输入参数

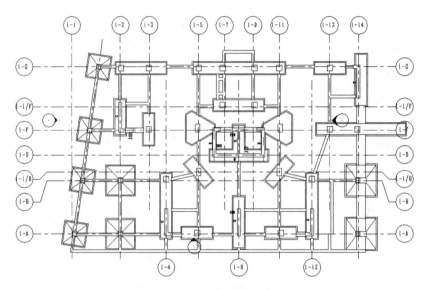

图 3.126　项目制作界面

**图 3.127　选择相应的
结构平面**

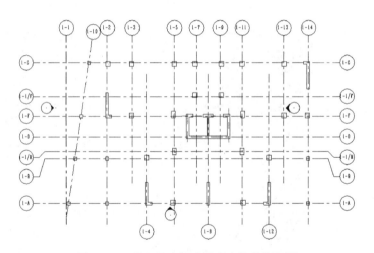

图 3.128　进入剪力墙连梁所在的结构平面

"300",【h】后输入参数"3200",检查无误后单击【确定】按钮,如图 3.131 所示。

(5)插入剪力墙连梁 2LL1。回到【修改│放置结构墙】界面,拾取剪力墙连梁放置点(①→②),如图 3.132 所示。选中插入的剪力墙连梁 2LL1,按下【MM】键发出"有轴镜像"命令,选择相应的镜像轴进行镜像,如图 3.133 所示。完成后如图3.134所示。

(6)检查插入的剪力墙连梁 2LL1。按下【F4】键,进入三维视图,检查插入的剪力墙连梁的位置是否都正确,如图 3.135 所示。如若不正确要进行及时修正。

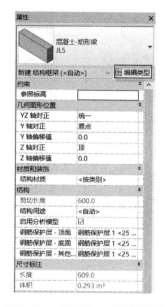

图 3.129 定义剪力墙连梁属性

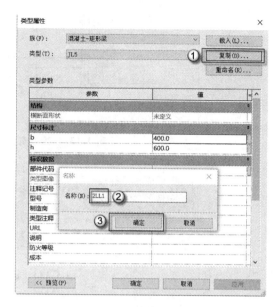

图 3.130 更改剪力墙连梁名称

图 3.131 更改参数

(7) 选择剪力墙连梁 3LL1 相应的结构平面。在【项目浏览器】中单击【结构平面】→【三】,如图 3.136 所示。这样可以进入三结构平面视图,如图 3.137 所示。

(8) 定义剪力墙连梁 3LL1 属性。单击【结构】→【梁】命令,进入【修改│放置梁】界面,单击【编辑类型】按钮,如图 3.138 所示。弹出【类型属性】对话框,单击【复制】按钮,并在弹出的【名称】对话框中将【名称】更改为"3LL1",然后单击【确定】按

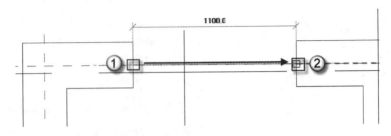

图 3.132 拾取剪力墙连梁 2LL1

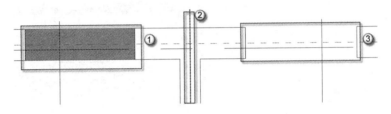

图 3.133 镜像 2LL1

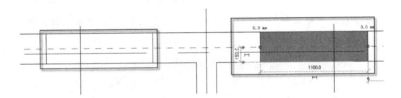

图 3.134 完成镜像 2LL1

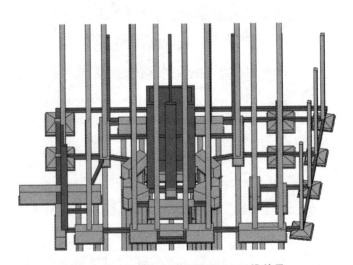

图 3.135 检查剪力墙连梁 2LL1 三维效果

钮,如图 3.139 所示。

(9)更改剪力墙连梁 3LL1 相关参数。在【类型属性】对话框的【h】后输入参数"2300",检查无误后单击【确定】按钮,如图3.140所示。

图 3.136 选择三结构
平面

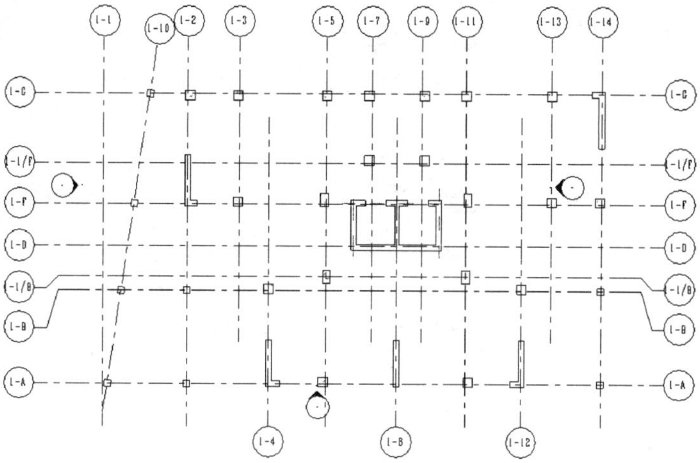

图 3.137 进入三结构平面

图 3.138 定义剪力墙连梁 **3LL1** 属性

图 3.139 更改剪力墙连梁 **3LL1** 名称

(10) 插入剪力墙连梁 3LL1。回到【修改│放置结构墙】界面,拾取剪力墙连梁放置点(①→②),如图 3.141 所示。按照上述方式完成右侧的剪力墙连梁,如图 3.142所示。完成后如图 3.143 所示。

(11) 检查插入的剪力墙连梁 3LL1。按下【F4】键,进入三维视图,检查插入的剪力墙连梁 3LL1 的位置是否都正确,如图 3.144 所示。如若不正确要进行及时修正。

(12) 保存项目。单击【另存为】→【项目】,将该项目命名为"10.剪力墙连梁",并单击【保存】按钮,如图 3.145 所示。

图 3.140　更改剪力墙连梁 3LL1 参数

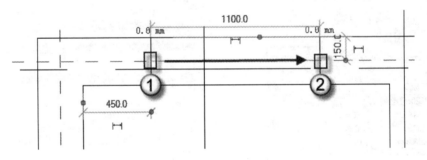

图 3.141　插入左侧剪力墙连梁 3LL1

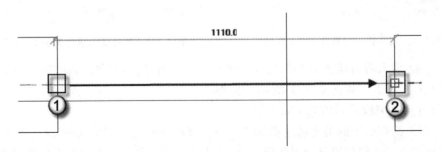

图 3.142　插入右侧剪力墙连梁 3LL1

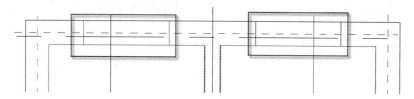

图 3.143　完成插入剪力墙连梁 3LL1

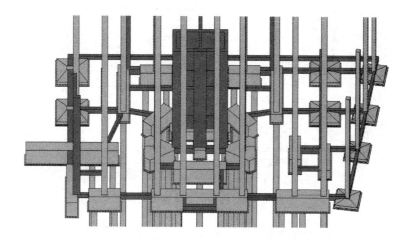

图 3.144　检查剪力墙连梁 3LL1 三维效果

图 3.145　保存剪力墙连梁项目

3.2.3　3 层以上剪力墙

1～3 层剪力墙单独绘制,3 层以上剪力墙基本一致。本节主要描述了 3 层以上剪力墙的绘制。具体方法如下。

(1) 打开剪力墙连梁文件。单击【项目】→【打开】,在弹出的【打开】对话框中选择"10.剪力墙连梁"RVT 项目文件,单击【打开】按钮,如图 3.146 所示。完成后进入项目制作界面,如图 3.147 所示。

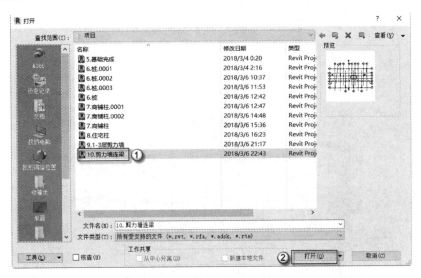

图 3.146　打开剪力墙连梁文件

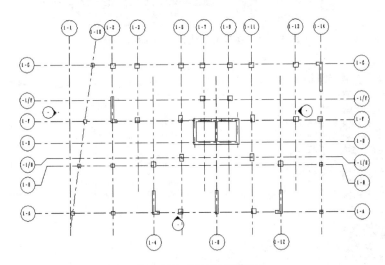

图 3.147　项目制作界面

　　(2)选择相应的结构平面并确定 3 层以上剪力墙的位置。在【项目浏览器-10.剪力墙连梁】中单击【结构平面】→【三】,如图 3.148 所示。导入 3 层以上剪力墙,完成后如图 3.149 所示。

　　(3)定义 3 层以上剪力墙 2Q1 属性。单击【结构】→【墙】→【墙:结构】,进入【修改│放置结构墙】界面,选择【属性】面板中的【基本墙】→【1Q1】,如图 3.150 所示。单击【属性】面板中的【编辑类型】按钮,如图 3.151 所示。弹出【类型属性】对话框,单

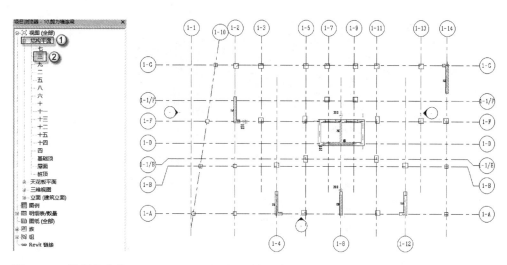

图 3.148 选择相应的
结构平面

图 3.149 确定 3 层以上剪力墙的位置

图 3.150 更改剪力墙类型

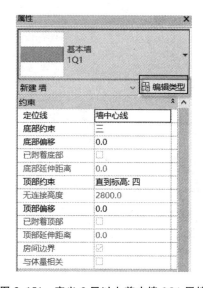

图 3.151 定义 3 层以上剪力墙 2Q1 属性

击【复制】按钮,并在弹出的【名称】对话框中将【名称】更改为"2Q1",然后单击【确定】
按钮,如图 3.152 所示。

(4)更改 3 层以上剪力墙 2Q1 厚度。按下【类型属性】对话框中的【编辑】按钮,
如图 3.153 所示。完成后弹出【编辑部件】对话框,更改【编辑部件】对话框中【厚度】
为"250",并单击【确定】按钮,如图 3.154 所示。这样就完成了 3 层以上剪力墙 2Q1
的厚度编辑,回到【修改│放置结构墙】界面。

(5)插入 3 层以上剪力墙 2Q1 并检查。回到【修改│放置结构墙】界面更改放置

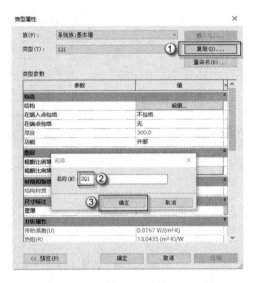

图 3.152　更改 3 层以上剪力墙 2Q1 名称

图 3.153　编辑 3 层以上剪力墙 2Q1 属性

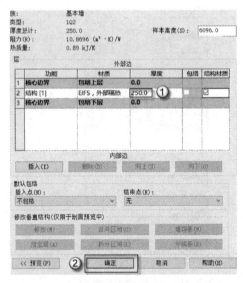

图 3.154　编辑 3 层以上剪力墙 2Q1 厚度

的"深度"为"高度"选项,因为 3 层以上剪力墙的高度达到了结构屋面,所以将【层数】改为"屋面"选项。拾取 3 层以上剪力墙的放置点(①→②→③),如图 3.155 所示。用上述相同的方式,完成图中所有 2Q1 的放置。完成后如图 3.156 所示。按下【F4】键,进入三维视图,检查插入的 3 层以上剪力墙 2Q1 的位置是否都正确,如图 3.157 所示,如若不正确要进行及时修正。

(6)定义 3 层以上剪力墙 2Q2 属性。单击【结构】→【墙】→【墙:结构】,进入【修改 | 放置结构墙】界面,单击【属性】面板中的【编辑类型】按钮,如图 3.158 所示。弹

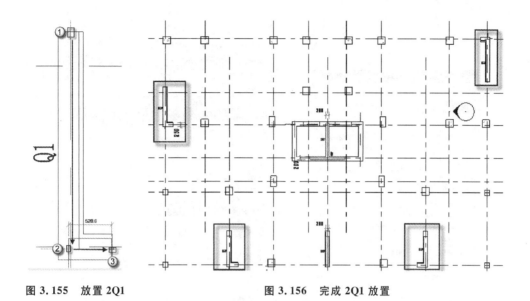

图 3.155　放置 2Q1　　　　　　　　图 3.156　完成 2Q1 放置

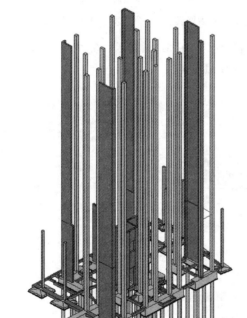

图 3.157　检查插入的 2Q1

出【类型属性】对话框,单击【复制】按钮,并在弹出的【名称】对话框中将【名称】更改为 "2Q2",然后单击【确定】按钮,如图 3.159 所示。

　　(7) 更改 3 层以上剪力墙 2Q2 厚度。按下【类型属性】对话框中的【编辑】按钮, 如图 3.160 所示。完成后弹出【编辑部件】对话框,更改【编辑部件】对话框中【厚度】

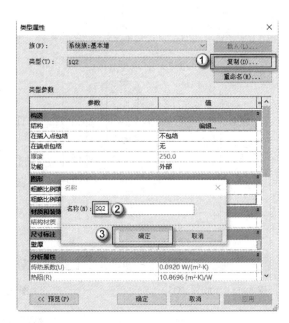

图 3.158 定义 3 层以上剪力墙 2Q2 属性　　　**图 3.159 更改 3 层以上剪力墙 2Q2 名称**

为"200",并单击【确定】按钮,如图 3.61 所示。完成 3 层以上剪力墙 2Q2 的厚度编辑,回到【修改│放置结构墙】界面。

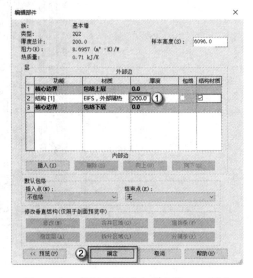

图 3.160 编辑 3 层以上剪力墙 2Q2 属性　　　**图 3.161 编辑 3 层以上剪力墙 2Q2 厚度**

(8)插入 3 层以上剪力墙 2Q2。回到【修改│放置结构墙】界面更改放置的"深度"为"高度"选项,因为 3 层以上剪力墙的高度达到了结构屋面,所以将【层数】改为"屋面"选项。拾取 3 层以上剪力墙的放置点(①→②),如图 3.162 所示。完成后如图 3.163 所示。

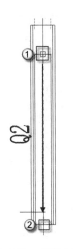

图 3.162　放置 2Q2

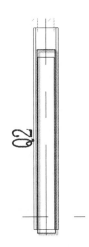

图 3.163　完成 2Q2 放置

（9）定义 3 层以上剪力墙 2Q4 属性。单击【结构】→【墙】→【墙：结构】，进入【修改｜放置结构墙】界面，单击【属性】面板中的【编辑类型】按钮，如图 3.164 所示。弹出【类型属性】对话框，单击【复制】按钮，并在弹出的【名称】对话框中将【名称】更改为"2Q4"，然后连续两次单击【确定】按钮，如图 3.165 所示。

图 3.164　定义 3 层以上剪力墙 2Q4 属性

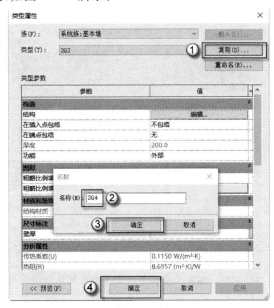

图 3.165　更改 3 层以上剪力墙 2Q4 名称

（10）插入 3 层以上剪力墙 2Q4。回到【修改｜放置结构墙】界面，更改放置的"深度"为"高度"选项，因为 3 层以上剪力墙的高度达到了结构屋面，所以将【层数】改为"屋面"选项。拾取 3 层以上剪力墙的放置点（①→②），如图 3.166 所示。完成后如图 3.167 所示。

图 3.166 放置 2Q4

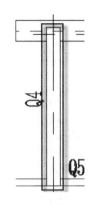

图 3.167 完成 2Q4 放置

(11) 定义 3 层以上剪力墙 2Q5 属性。单击【结构】→【墙】→【墙:结构】,进入【修改｜放置结构墙】界面,单击【属性】面板中的【编辑类型】按钮,如图 3.168 所示。弹出【类型属性】对话框,单击【复制】按钮,并在弹出的【名称】对话框中将【名称】更改为"2Q5",然后连续两次单击【确定】按钮,如图 3.169 所示。

图 3.168 编辑 3 层以上剪力墙 2Q5 属性

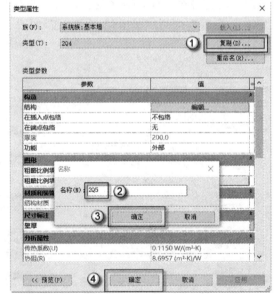

图 3.169 更改 3 层以上剪力墙 2Q5 名称

(12) 插入 3 层以上剪力墙 2Q5。回到【修改｜放置结构墙】界面,更改放置的"深度"为"高度"选项,因为 3 层以上剪力墙的高度达到了结构屋面,所以将【层数】改为"屋面"选项。拾取 3 层以上剪力墙的放置点(①→②),如图 3.170 所示。完成后如图 3.171 所示。

(13) 检查插入的所有 3 层以上剪力墙。按下【F4】键可清晰看到插入的 3 层以上剪力墙的三维效果,如图 3.172 所示。检查是否有遗漏的剪力墙,如有缺失及时补上。

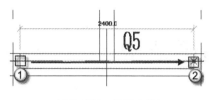

图 3.170　放置 2Q5

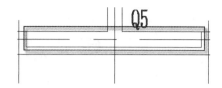

图 3.171　完成 2Q5 放置

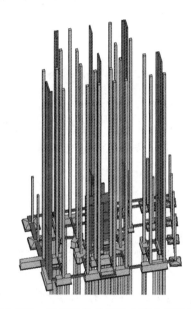

图 3.172　完成后的 3 层以上剪力墙三维图

（14）保存项目。单击【另存为】→【项目】，将该项目命名为"11.3 层以上剪力墙"，并单击【保存】按钮，如图 3.173 所示。

图 3.173　保存 3 层以上剪力墙项目

第4章 中间层结构

在房屋建筑领域,如住宅、办公楼及教学楼等建筑中,中间层往往相同,因此中间层结构在设计时可以统一设计。

4.1 商铺部分

对于商铺,一般来说为了保证有自由的空间可利用,会用框架结构,但还是要看建筑的结构形式。如果有剪力墙,就会涉及剪力墙是否要落地。当然,若保证有自由空间且不落地,其结构形式就是带转换层的底部框架结构。这种结构的抗震能力不够好,所以尽量采用落地的。

4.1.1 商铺梁

在框架结构体系中,梁是受弯构件,梁的计算跨高比,应满足相应规范的要求。本例中的梁分为3类,分别是框架梁(KL)、次梁(L)、悬挑梁(XL)。

(1) 编辑框架梁。在【结构平面】→【三】层下进行绘制。单击【结构】→【梁】,在【属性】面板中单击【编辑类型】按钮,在弹出的【类型属性】对话框中,单击【复制】按钮,在弹出的【名称】对话框中输入"3KL1",单击【确定】按钮,返回【类型属性】对话框。在【b】和【h】栏中分别输入"250"和"400",单击【确定】按钮,如图4.1所示。

注意:第1步中输入的"3KL1"是结构中梁的名称,其中"3"是指结构构件位于第三层平面中,"1"是指框架梁的编号。

(2) 绘制框架梁。按下【BM】键发出"梁"命令,注意【放置平面】为"标高:三"层,根据设计要求在相应位置绘制框架梁,捕捉框架梁的起始点(①处),移动光标,捕捉框架梁的终止点(②处),如图4.2所示。

(3) 调整框架梁。选择已画好的框架梁3KL1,按下【MV】键发出"移动"命令,捕捉移动点→对齐点,如图4.3所示。完成后如图4.4所示。

(4) 编辑框架梁。单击【编辑类型】按钮,在弹出的【类型属性】对话框中,单击【复制】按钮,在弹出的【名称】对话框中输入"3KL2",单击【确定】按钮,返回【类型属性】对话框。在【b】和【h】栏中分别输入"250"和"600",单击【确定】按钮,如图4.5所示。根据上述步骤依次编辑3KL4、3KL5、3KL8、3KL9、3KL31、3KL33、3KL34、3KL35、3KL38、3KL39、3KL41的名称,尺寸不需要改变。

注意:连续框架梁一般情况下不跨剪力墙,因为剪力墙是框架梁的支座端。

(5) 绘制不同标高的框架梁。按下【BM】键发出"梁"命令,注意【放置平面】为"标高:三"层,根据设计要求在相应位置绘制框架梁,捕捉框架梁的起始点,移动光标,捕捉框梁的终止点,如图4.6所示。根据上述步骤依次绘制好框架梁3KL4、3KL5、3KL8、3KL9、3KL31、3KL33、3KL34、3KL35、3KL38、3KL39、3KL41。绘制

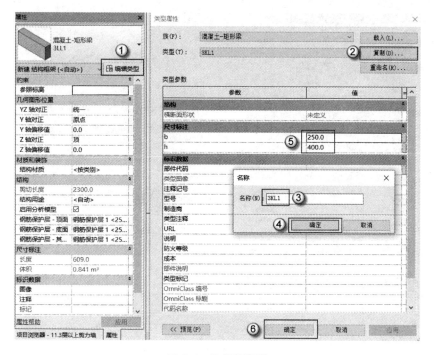

图 4.1　编辑框架梁

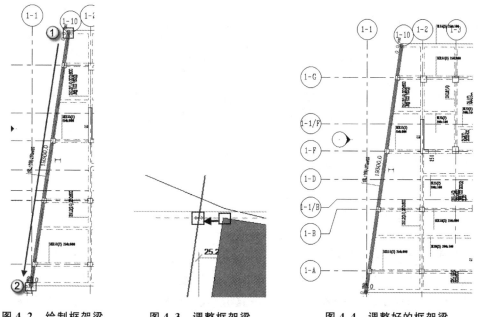

图 4.2　绘制框架梁　　**图 4.3　调整框架梁**　　**图 4.4　调整好的框架梁**

好后如图 4.7 所示。

（6）编辑不同标高的框架梁。根据上述方法编辑出框架梁"3KL3"的【b】和【h】

注意：绘制不同的框架梁时注意改变框架梁类型以及位置的调整，做到一一对应。

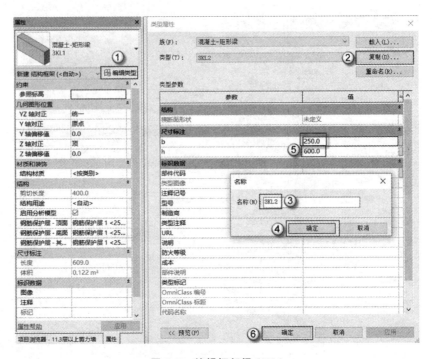

图 4.5　编辑框架梁 3KL2

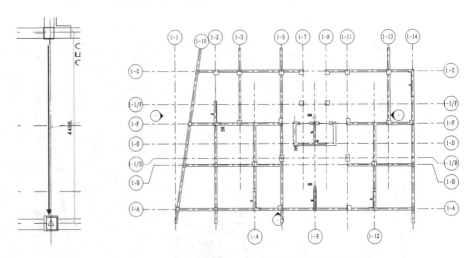

图 4.6　绘制框架梁 3KL2　　　　图 4.7　完成绘制不同的框架梁

尺寸分别为"200"和"500"；框架梁 3KL6 的【b】和【h】尺寸分别为"250"和"500"；框架梁 3KL5a、3KL32、3KL32a 和 3KL36 的【b】和【h】尺寸分别为"200"和"400"；框架梁 3KL34a 的【b】和【h】尺寸分别为"300"和"500"；框架梁 3KL37 的【b】和【h】尺寸分别为"200"和"500"。

（7）绘制不同的框架梁。按下【BM】键发出"梁"命令，选择梁"3KL3"相应的位置进行绘制,如图 4.8 所示。使用【BM】键,选择梁 3KL6 相应的位置进行绘制,如图 4.9 所示。根据上述步骤绘制出 3KL5a、3KL32、3KL32a、3KL36、3KL34a、3KL37,如图 4.10 所示。

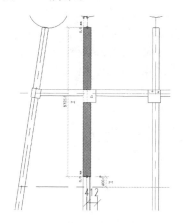

图 4.8　绘制框架梁 3KL3

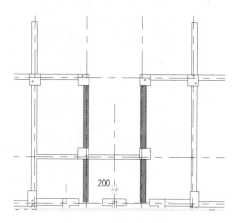

图 4.9　绘制框架梁 3KL6

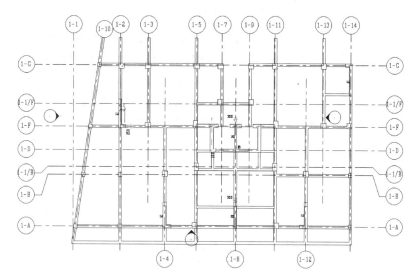

图 4.10　完成绘制框架梁

　　次梁是指梁的两端与梁相连,而不是与框架柱相连的梁。在是否参与抗震计算这个问题上,次梁比较难判断,但是在抗震设防烈度为七度以上的地区,必须参加计算。

　　(8)编辑不在轴网上的次梁。在【结构平面】→【三】层下进行绘制。单击【结构】→【梁】命令,在【属性】面板中单击【编辑类型】按钮,在弹出的【类型属性】对话框中,单击【复制】按钮,在弹出的【名称】对话框中输入"3L1",单击【确定】按钮,返回【类型属性】对话框。在【b】和【h】栏中分别输入"200"和"400",单击【确定】按钮,如图 4.11 所示。

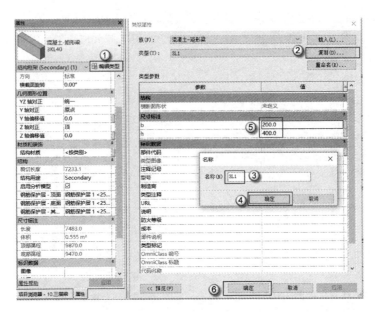

图 4.11　编辑次梁 3L1

（9）绘制次梁。按下【BM】键发出"梁"命令,注意【放置平面】为"标高:三"层,根据设计要求在相应位置绘制次梁,捕捉次梁的起始点,移动光标,捕捉次梁的终止点,如图 4.12 所示。

（10）调整次梁。选择已画好的次梁 3L1,按下【MV】键发出"移动"命令,捕捉移动点→对齐点,如图 4.13 所示。完成后如图 4.14 所示。

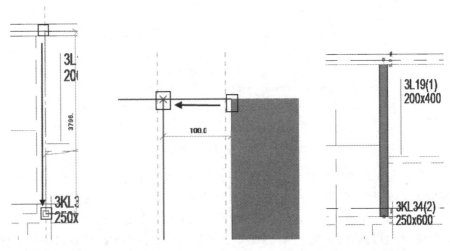

图 4.12　绘制次梁 3L1　　　图 4.13　调整 3L1 位置　　　图 4.14　完成 3L1 位置调整

（11）编辑不同名称的次梁。根据步骤(8)的方法编辑出【b】和【h】的尺寸分别为"200"和"400"的次梁的名称 3L2、3L19、3L20、3L22、3L23、3L24、3L25、3L26、3L27

和 3L36。

（12）绘制不同名称的次梁。按下【BM】键发出"梁"命令，选择梁 3L2 相应的位置进行绘制，如图 4.15 所示。使用【BM】键，选择梁 3L19 相应的位置进行绘制，如图 4.16 所示。根据上述步骤绘制出 3L20、3L22、3L23、3L24、3L25、3L26、3L27 和 3L36，如图 4.17 所示。

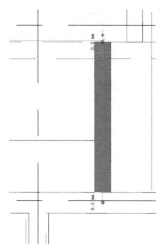

图 4.15　绘制次梁 3L2

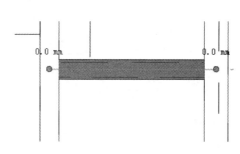

图 4.16　绘制次梁 3L19

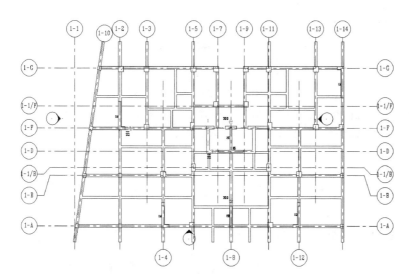

图 4.17　完成尺寸一致的次梁绘制

（13）编辑不同的次梁。在【结构平面】→【三】层下进行绘制。单击【结构】→【梁】，在【属性】面板中单击【编辑类型】按钮，在弹出的【类型属性】对话框中，单击【复制】按钮，在弹出的【名称】对话框中输入"3L15"，单击【确定】按钮，返回【类型属性】对话框。在【b】和【h】栏中分别输入"250"和"400"，单击【确定】按钮，如图 4.18 所示。依照上述方法编辑不同的次梁并且更改相应的尺寸。3L16、3L17、3L28 的【b】和【h】尺寸分别为"250"和"400";3L4 的【b】和【h】尺寸分别为"200"和"300";3L7 的【b】和【h】尺寸分别为"300"和"600";3L21 的【b】和【h】尺寸分别为"200"和"450"。

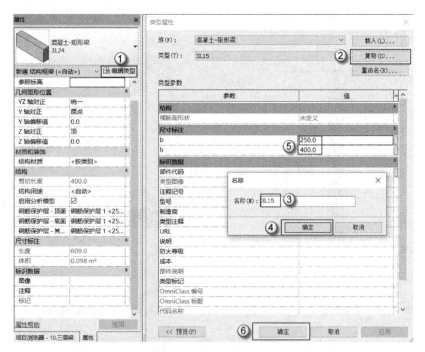

图 4.18　编辑次梁 3L15

(14) 绘制不同名称的次梁。按下【BM】键发出"梁"命令,选择梁 3L15 相应的位置进行绘制,如图 4.19 所示。以相同的方式绘制 3L16、3L17、3L28 等相同尺寸的次梁。使用【BM】键,选择梁 3L21 相应的位置进行绘制,如图 4.20 所示。根据上述步骤绘制出 3L7,如图 4.21 所示。次梁绘制完成后如图 4.22 所示。

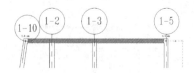

图 4.19　绘制次梁 3L15

图 4.20　绘制次梁 3L21

(15) 编辑并绘制不同类型的梁。在【结构平面】→【三】层下进行绘制。单击【结构】→【梁】,在【属性】面板中单击【编辑类型】按钮,在弹出的【类型属性】对话框中,单击【复制】按钮,在弹出的【名称】对话框中输入"3XL1"并且单击【确定】按钮,返回【类型属性】对话框。在【b】和【h】栏中分别输入"300"和"500",单击【确定】按钮,如图 4.23所示。按照上述方法编辑不同的梁并且更改相应的尺寸,3XL2 的【b】和【h】尺寸分别为"250"和"600"。

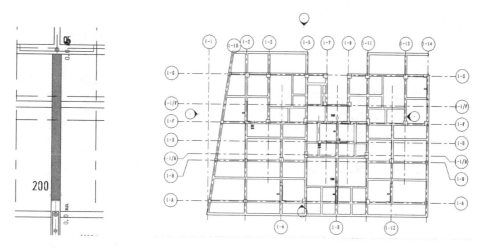

图 4.21　绘制次梁 3L7　　　　　　　图 4.22　完成次梁绘制

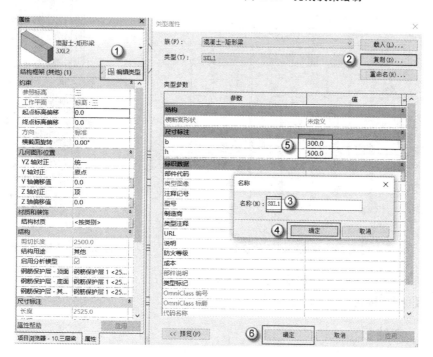

图 4.23　编辑梁 3XL1

（16）绘制不同的梁。按下【BM】键发出"梁"命令，选择梁 3XL1 相应的位置进行绘制，如图 4.24 所示。按照上述相同的方式绘制 3XL2 梁。使用【BM】键选择梁 3XL2 相应的位置进行绘制，如图 4.25 所示。完成所有商铺梁的绘制，如图 4.26 所示。

（17）按下【F4】键进入三维视图，转动三维视图，检查模型绘制的情况，如图 4.27 所示。只有在三维视图中才能直观地进行检查。

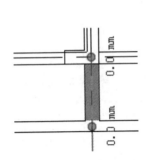

图 4.24　绘制 3XL1 梁

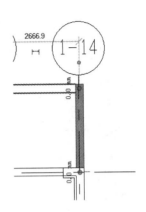

图 4.25　绘制 3XL2 梁

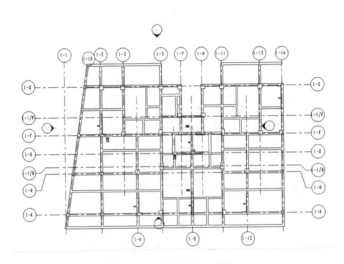

图 4.26　完成商铺梁的绘制

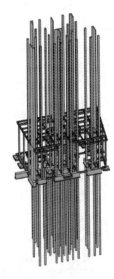

图 4.27　商铺梁三维视图

(18) 保存项目。单击【R】→【另存为】→【项目】,将该项目命名为"12.商铺梁",并单击【保存】按钮,如图 4.28 所示。

4.1.2　商铺板

板是一种分隔及承重构件。它将房屋垂直方向分隔为若干层,并把人和家具等的竖向荷载及楼板自重通过墙体、梁或柱传给基础。当前应用比较普遍的是钢筋混凝土楼板,采用混凝土与钢筋制作。这种楼板坚固、耐久、刚度大、强度高、防火性能好。

楼层标高板是板面标高等于结构楼层标高的楼板。在结构设计中,梁、板的标高在很多情况下都一样,且与结构楼层标高一致,俗称"板顶齐亮顶"。

(1) 打开商铺梁文件。单击【项目】→【打开】,在弹出的【打开】对话框中选择

图 4.28　保存商铺梁项目

"12.商铺梁"RVT 项目文件,单击【打开】按钮,如图 4.29 所示。完成后进入项目制作界面,如图 4.30 所示。

图 4.29　打开商铺梁文件

(2)选择相应的结构平面并确定商铺板的位置。在【项目浏览器-12.商铺梁】中单击【结构平面】→【三】选项,如图 4.31 所示。导入商铺梁定位,完成后如图4.32所示。

(3)定义楼板类型并更改名称。按下【SB】键,发出"楼板"命令,进入【修改|创建楼层边界】界面,单击【属性】面板中的楼板类型下拉菜单,选择"常规-150 mm"选项,如图 4.33 所示。单击【属性】面板中的【编辑类型】按钮,在弹出的【类型属性】对话框中单击【复制】按钮,并在弹出的【名称】对话框中将【名称】更改为"3B0",然后选

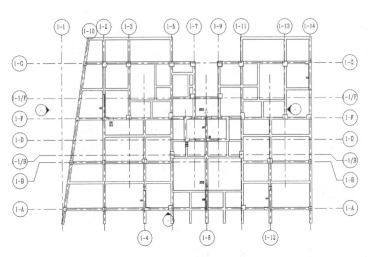

图 4.30　项目制作界面

图 4.31　选择相应的结构平面

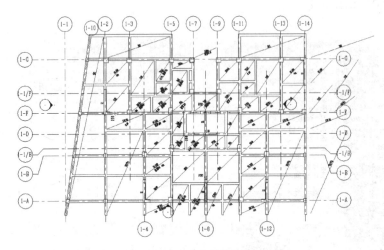

图 4.32　确定商铺板的位置

注意:在绘制楼板时,楼板边界线应完全沿着梁和柱内侧绘制,构成一个整体构件。但是在 Revit 软件中这样的楼板无法被软件识别。因此为了让 Revit 软件能够识别楼板构件,只能使楼板边界线伸入柱构件。

择【确定】,如图 4.34 所示。

(4) 更改楼板 3B0 厚度并赋予材质。单击【类型属性】对话框中的【编辑】按钮,如图 4.35 所示。在弹出的【编辑部件】对话框中,设置【厚度】栏为"100",勾选"结构材质"选项,单击【…】按钮,如图 4.36 所示。在弹出的【材质浏览器】对话框中选择"混凝土-现场浇注混凝土"材质,并单击【确定】按钮,如图 4.37 所示。依次按下【编辑部件】对话框、【类型属性】对话框中的【确定】按钮。

(5) 绘制楼板 3B0。按下【修改|创建楼层边界】界面中的【直线】绘制工具,然后拾取梁的内侧角点(①→②→③→④→⑤),按顺时针方向绘出梁内侧的 4 条线,如

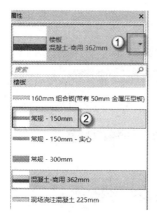

图 4.33 选择楼板类型

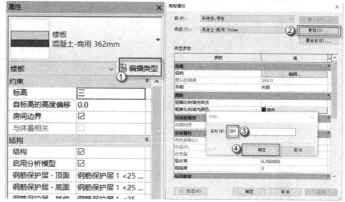

图 4.34 给楼板 3B0 命名

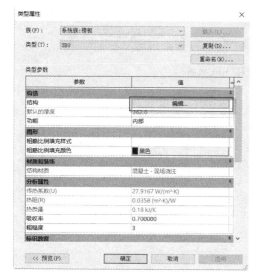

图 4.35 编辑楼板 3B0

图 4.36 设定楼板 3B0 参数

图 4.38 所示。完成后如图 4.39 所示。按下【TR】键,发出"修剪或延伸图元"命令,选择梁内侧断开的两条线段(①和②)以形成一个角,如图 4.40 所示。完成后如图 4.41 所示。按下【√】按钮,退出【√│×】选项板。

(6)检查楼板 3B0 跨度边界。楼板 3B0 的上边界上下方向各有一条与其平行的短线段,表示楼板跨度,如图 4.42 所示。当退出【√│×】选项板时,发现楼板 3B0 竖向跨度超出边界,如图 4.43 所示。

(7)修改楼板 3B0 跨度边界并检查。双击刚绘制的楼板边界,进入【修改│创建楼层边界】界面,并选中刚绘制的楼板竖向边界,如图 4.44 所示。选择【修改│创建楼层边界】界面中的"跨方向"选项,修改楼板边界,可以观察到表示楼板跨度的两条

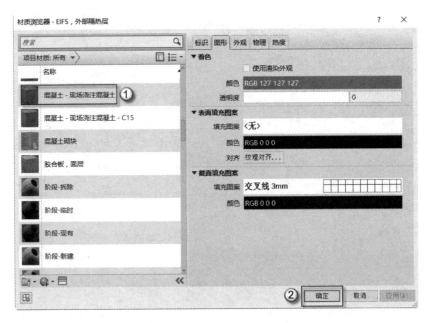

图 4.37 赋予楼板 3B0 材质

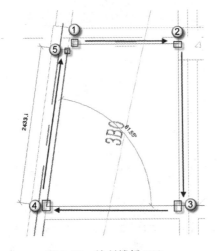

图 4.38 绘制楼板 3B0

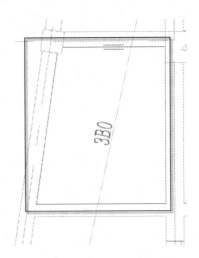

图 4.39 完成楼板 3B0 初步绘制

短线已经移动到正确位置,如图 4.45 所示。按下【√】按钮再次退出【√|×】选项板,可观察到楼板 3B0 竖向跨度已经在边界范围内,如图 4.46 所示。

(8)用三维视图检验楼板 3B0。按下【F4】键可清晰看到楼板 3B0 的三维效果,如图 4.47 所示。

(9)绘制所有的楼板 3B0 并检验。用上述相同的方法绘制其他楼板 3B0,完成后如图 4.48 所示。按下【F4】键可清晰看到所有楼板 3B0 的三维效果,如图 4.49 所示。

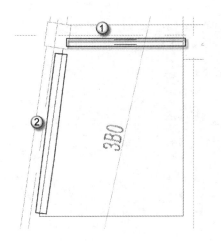

图 4.40　连接楼板 3B0 角点

图 4.41　完成连接楼板 3B0 角点

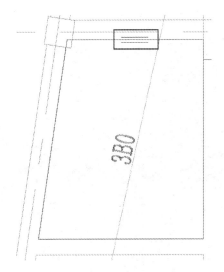

图 4.42　检查楼板 3B0 跨方向

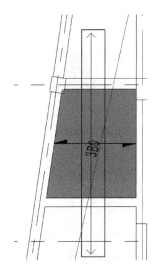

图 4.43　楼板 3B0 跨方向有误

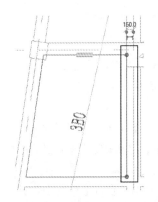

图 4.44　更改楼板 3B0 的跨方向

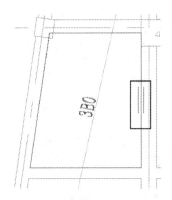

图 4.45　完成楼板 3B0 跨方向更改

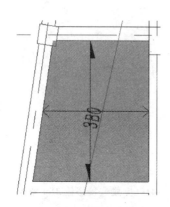

图 4.46 检查楼板 3B0 跨方向

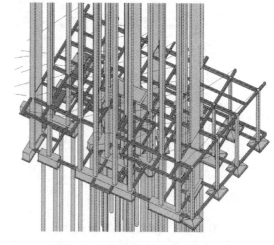

图 4.47 检查楼板 3B0 三维视图

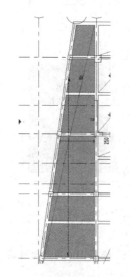

图 4.48 完成楼板 3B0 绘制

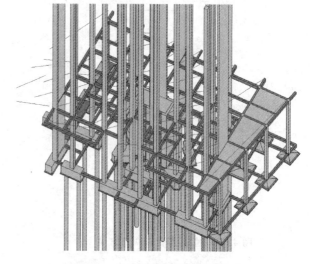

图 4.49 进入三维视图检查楼板 3B0

图 4.50 编辑楼板 3B1

(10)定义楼板类型并更改名称。按下【SB】键发出"楼板"命令,进入【修改│创建楼层边界】界面,单击【属性】面板中的【编辑类型】按钮,如图4.50所示。弹出【类型属性】对话框,单击【复制】按钮,并在弹出的【名称】对话框中将【名称】更改为"3B1",然后连续两次单击【确定】按钮,如图 4.51所示。

(11)绘制楼板 3B1。按下【修改│创建楼层边界】界面中的【矩形】绘制工具,然后通过拾取楼板

图 4.51　更改楼板 3B1 名称

3B1 的两个对角点,创建楼板边界的矩形线,如图 4.52 所示。完成后如图 4.53 所示。用上述方法绘制所有的楼板 3B1,绘制完成后如图 4.54 所示。按下【√】按钮退出【√|×】选项板,可观察到楼板 3B1 横向、竖向跨度都在边界范围内,如图 4.55 所示。

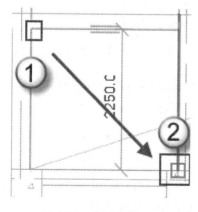

图 4.52　绘制楼板 3B1

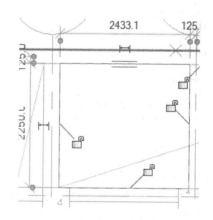

图 4.53　更改楼板 3B1 跨方向

（12）定义楼板类型并更改名称。按下【SB】键发出"楼板"命令,进入【修改｜创建楼层边界】界面,单击【属性】面板中的【编辑类型】按钮,如图 4.56 所示。弹出【类型属性】对话框,单击【复制】按钮,并在弹出的【名称】对话框中将【名称】更改为"3LTB1",然后连续两次单击【确定】按钮,如图 4.57 所示。

（13）绘制楼板 3LTB1。按下【修改｜创建楼层边界】界面中的【直线】绘制工具,

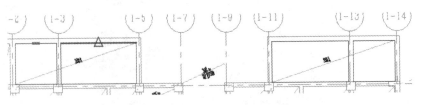

图 4.54　完成楼板 3B1 绘制

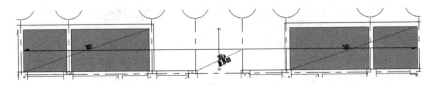

图 4.55　检查楼板 3B1

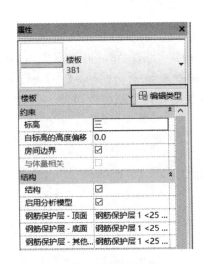

图 4.56　编辑楼板 3LTB1

图 4.57　更改楼板 3LTB1 名称

然后拾取梁的内侧角点(①→②→③→④→⑤→⑥),按顺时针方向绘出梁内侧的四条线,如图 4.58 所示。完成后如图 4.59 所示。按下【TR】键,发出"修剪或延伸图元"命令,选择梁内侧断开的两条线段(①和②)以形成一个角,如图 4.60 所示。完成后如图 4.61 所示。

(14)更改 3LTB1 楼板跨度边界。双击刚绘制的楼板边界,进入【修改|创建楼层边界】界面,并选中刚绘制的楼板竖向边界,如图 4.62 所示。选择【修改|创建楼层边界】界面中的"跨方向"选项,修改楼板边界,可以观察到表示楼板跨度的两条短线,已经移动到正确位置,如图 4.63 所示。按下【√】按钮退出【√|×】选项板,可观察到 3LTB1 楼板竖向跨度已经在边界范围内,如图 4.64 所示。

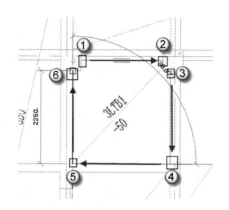

图 4.58　绘制楼板 3LTB1

图 4.59　完成楼板 3LTB1 初步绘制

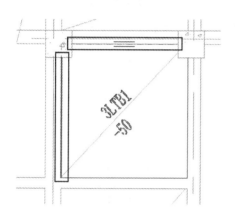

图 4.60　连接楼板 3LTB1 角点

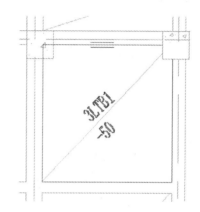

图 4.61　完成楼板 3LTB1 角点连接

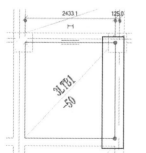

图 4.62　更改楼板 3LTB1
　　　　跨方向

图 4.63　完成更改楼板
　　　　3LTB1 跨方向

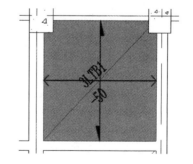

图 4.64　检查楼板 3LTB1 跨
　　　　方向

（15）更改楼板 3LTB1 的高度并检查。由于楼板 3LTB1 的高度为"－50"，因此要更改楼板 3LTB1 的高度。在【属性】面板中的【自标高的高度偏移】一栏后输入"－50"，如图 4.65 所示。按下【F4】键进入三维视图，可以观察到此板板顶比周围的梁顶要低一些，如图 4.66 所示。

图 4.65　更改楼板 3LTB1 的高度

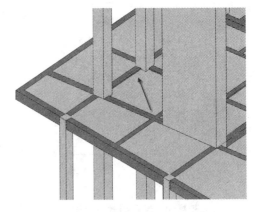

图 4.66　楼板 3LTB1 三维视图

(16) 完成剩下的楼板。按照上述相同的方式完成剩余的楼板,完成后如图 4.67 所示。选择作为参照导入的 DWG 底图,按下【Delete】键将其删除,完成后如图 4.68 所示。

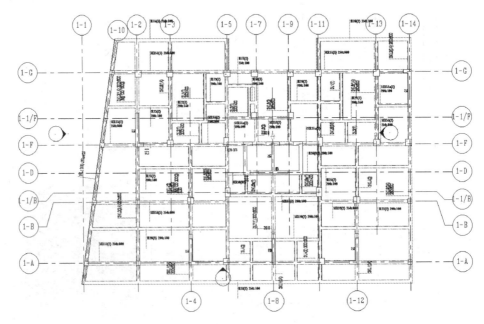

图 4.67　完成楼板插入

(17) 检查商铺的梁、板构件。按下【F4】键可清晰看到商铺梁、板的三维效果,如图 4.69 所示。检查是否有遗漏的结构构件,如有缺失及时补上。

(18) 保存项目。单击【R】→【另存为】→【项目】,将该项目命名为"12.商铺梁",并单击【保存】按钮,如图 4.70 所示。

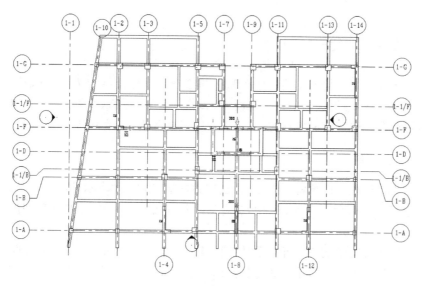

图 4.68 删除定位底图

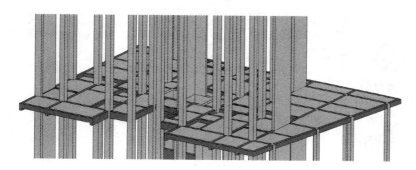

图 4.69 完成后的商铺梁、板三维图

图 4.70 保存商铺梁项目

4.2　住宅部分

　　本节主要介绍了住宅结构层中梁和板的绘制。以框架结构为例,以钢筋混凝土浇捣成承重梁柱,再用预制的加气混凝土、膨胀珍珠岩、浮石、蛭石、陶粒等制成的轻质板材隔墙分户装配而成的住宅,适合大规模工业化施工,效率高、工程质量较好。

4.2.1　住宅梁

　　着力点在框柱上的梁称为框架梁,也称为框梁,用"KL"表示;着力点在梁上的梁称为次梁,用"L"表示。在 Revit 中,二者的绘制方法完全一样,只是在后期的算量中有所区别。

　　(1)打开商铺梁文件。单击【项目】→【打开】,在弹出的【打开】对话框中选择"12.商铺梁"RVT 项目文件,单击【打开】按钮,如图 4.71 所示。在【结构平面】→【五】层下进行绘制,如图 4.72 所示。完成后如图 4.73 所示。

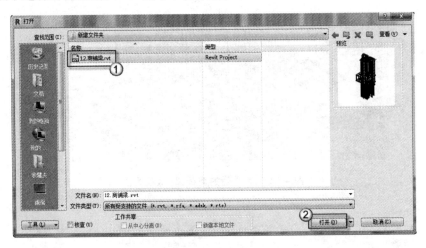

图 4.71　打开商铺梁文件

　　(2)精简绘制平面。从屏幕操作区左上角向右下角拉框,选中所有图元,如图 4.74所示。进入【修改|选择多个】界面,选择【过滤器】选项,弹出【过滤器】对话框,先单击【全部放弃】按钮,然后勾选上"参照平面"选项,最后单击【确定】按钮,如图4.75所示。回到绘制平面,按下【Delete】键删除参照平面,完成后如图 4.76 所示。

　　(3)编辑框架梁。在【结构平面】→【五】层下进行绘制。按下【BM】键,在弹出的【属性】面板中选择梁类型"3KL1",如图 4.77 所示。然后在【类型属性】对话框中单击【复制】按钮,在弹出的【名称】对话框中输入"5KL1",单击【确定】按钮,返回【类型属性】对话框。检查参数,【b】和【h】尺寸分别为"250"和"400",单击【确定】按钮,如图 4.78 所示。

注意:这里的5KL1 与之前编辑的 3KL1 的参数一致,因此直接选择梁 3KL1 并在其基础上更改名称。

图 4.72　进入绘制平面

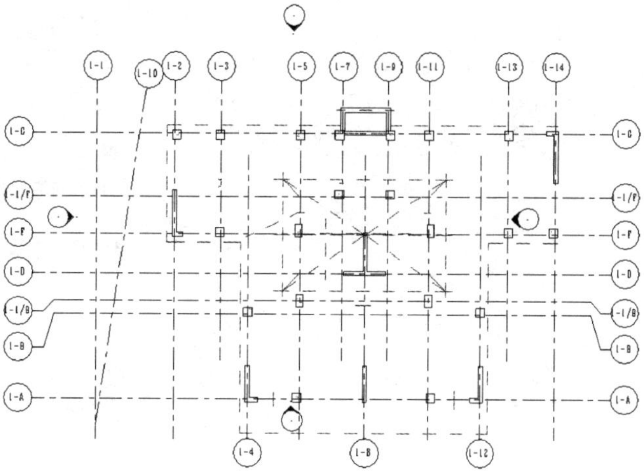

图 4.73　完成进入绘制平面

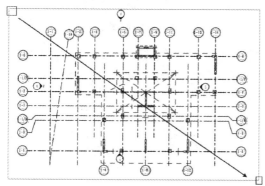

图 4.74　选中相应的结构平面

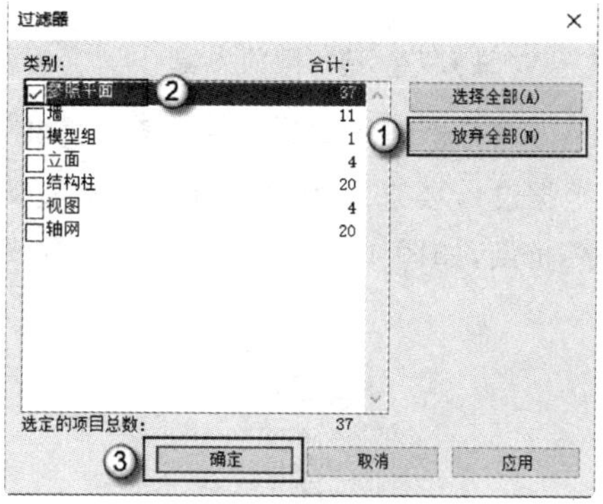

图 4.75　勾选"参照平面"

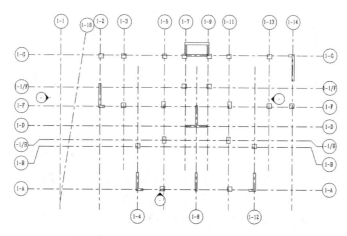

图 4.76　完成精简绘制平面

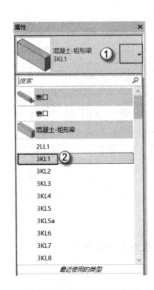

图 4.77 选择梁的类型

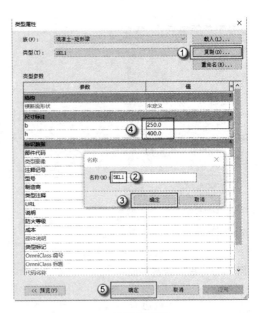

图 4.78 编辑框架梁 5KL1

（4）绘制框架梁。按下【BM】键发出"梁"命令，注意【放置平面】为"标高：五"层。根据设计要求在相应位置绘制框架梁，捕捉框架梁的起始点，移动光标，捕捉框梁的终止点，如图 4.79 所示。完成后如图 4.80 所示。

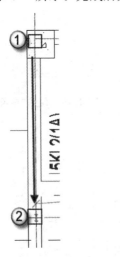

图 4.79 绘制框架梁 5KL1

图 4.80 完成 5KL1 绘制

（5）调整框架梁。选择已画好的框架梁 5KL1，按下【MV】键发出"移动"命令，捕捉移动点→对齐点，如图 4.81 所示。完成后如图 4.82 所示。

（6）通过三维视图检查并调整。按下【F4】键，进入三维视图查看，如图 4.83 所示。发现 5KL1 并不在其相应的位置。选择 5KL1，在【属性】面板中更改【Z 轴偏移值】为"0"，如图 4.84 所示。完成后 5KL1 会在正确的位置。

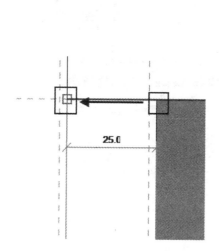

图 4.81　调整框架梁 5KL1

图 4.82　完成框架梁 5KL1 位置调整

图 4.83　检查 5KL1 位置

图 4.84　更改偏移值

（7）编辑不同的框架梁。在【结构平面】→【五】层下进行绘制。按下【BM】键，在弹出的【类型属性】对话框中，选择梁类型"3KL2"。然后单击【复制】按钮，在弹出的【名称】对话框中输入"5KL2"，单击【确定】按钮，返回【类型属性】对话框。检查参数，【b】和【h】的尺寸分别为"250"和"500"，单击【确定】按钮，如图 4.85 所示。

按照上述方式编辑框架梁以及更改其相应的参数。5KL3、5KL5、5KL7、5KL31、5KL32、5KL38 和 5KL39 的【b】和【h】尺寸分别为"250"和"450"；5KL41 的【b】和【h】尺寸分别为"250"和"400"。

（8）绘制不同的框架梁。按下【BM】快捷键，发出"梁"命令，注意【放置平面】为"标高：五"层。根据设计要求在相应位置绘制框架梁 5KL2，捕捉框架梁的起始点，移动光标，捕捉框架梁的终止点，如图 4.86 所示。根据上述步骤依次绘制好框架梁 5KL3、5KL5、5KL7、5KL31、5KL32、5KL38、5KL39、5KL41，并且更改【Z 轴偏移值】为"0"，完成后如图 4.87 所示。

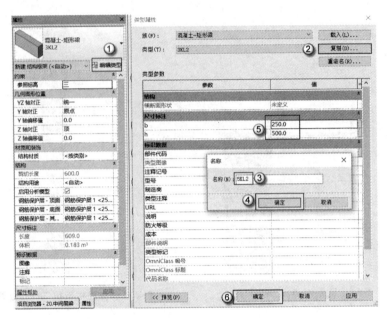

图 4.85　编辑不同的框架梁

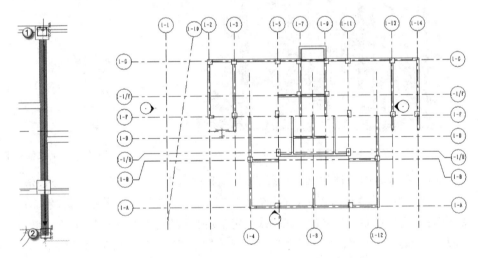

图 4.86　绘制框架
梁 5KL2

图 4.87　完成绘制部分框架梁

　　(9) 编辑不同标高的框架梁。按照步骤(7)的方式编辑框架梁以及更改其相应的参数。5KL4 的【b】和【h】尺寸分别为"200"和"500";5KL6 和 5KL34 的【b】和【h】尺寸分别为"200"和"600";5KL33、5KL35、5KL36、5KL40、5KL43 的【b】和【h】尺寸分别为"250"和"400";5KL37 的【b】和【h】尺寸分别为"200"和"450"。

　　(10) 绘制不同标高的框架梁。根据步骤(8)依次绘制好框架梁 5KL4、5KL6、5KL34、5KL33、5KL35、5KL36、5KL40、5KL43、5KL37,并且更改【Z 轴偏移值】为

"0",完成后如图4.88所示。

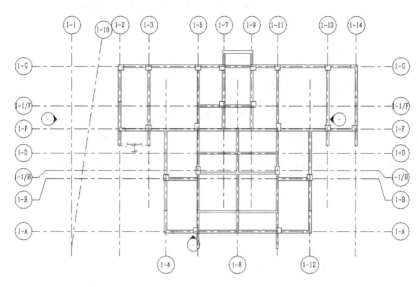

图4.88 完成框架梁绘制

(11)通过三维视图检查并调整。按下【F4】键,进入三维视图查看,如图4.89所示。

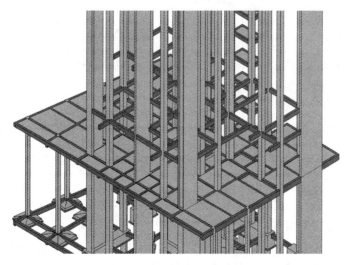

图4.89 进入三维视图检查

(12)绘制参照平面。使用【RP】键,绘制出相对于⑭轴向上偏移"900"的参照平面,如图4.90所示。

(13)编辑不在轴网上的次梁。在【结构平面】→【五】层下进行绘制。单击【结构】→【梁】,在【属性】面板中单击【编辑类型】按钮,在弹出的【类型属性】对话框中,单

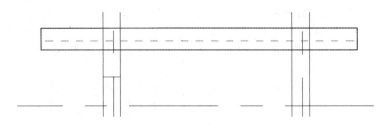

图 4.90　绘制参照平面

击【复制】按钮,在弹出的【名称】对话框中输入"5L15",单击【确定】按钮,返回【类型属性】对话框。在【b】和【h】栏中分别输入"200"和"400",单击【确定】按钮,如图 4.91 所示。

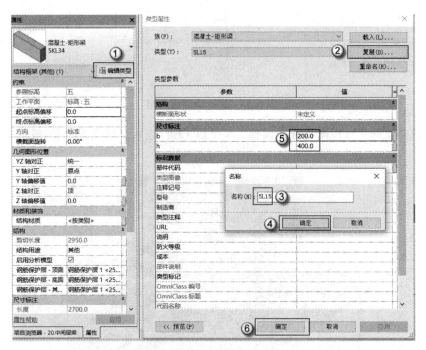

图 4.91　编辑次梁类型

根据上述方式编辑相应次梁的类型。"5L20"的【b】和【h】尺寸分别为"200"和"400";5L3、5L6 和 5L13 的【b】和【h】尺寸分别为"200"和"300";5L11 的【b】和【h】尺寸分别为"250"和"450";5L19 的【b】和【h】尺寸分别为"250"和"400"。

(14)绘制不同标高的次梁。根据步骤(8)依次绘制好次梁 5L15、5L1、5L2、5L4、5L12、5L14、5L18、5L20、5L3、5L6、5L13、5L11、5L19,并且更改"Z 轴偏移值"为"0",完成后如图 4.92 所示。

(15)编辑其他梁。在【结构平面】→【五】层下进行绘制。单击【结构】→【梁】,在【属性】面板中单击【编辑类型】按钮,在弹出的【类型属性】对话框中,单击【复制】按

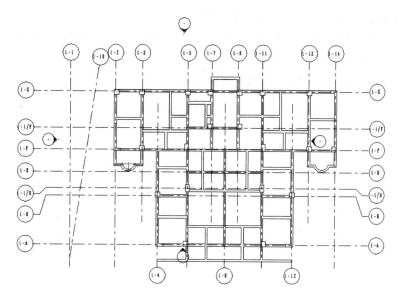

图 4.92　完成次梁绘制

钮,在弹出的【名称】对话框中输入"5XL1",单击【确定】按钮,返回【类型属性】对话框。在【b】和【h】栏中分别输入"250"和"400",单击【确定】按钮,如图 4.93 所示。根据上述方式编辑 5XL3,其【b】和【h】尺寸分别为"250"和"400";5L4 的【b】和【h】尺寸分别为"200"和"400"。

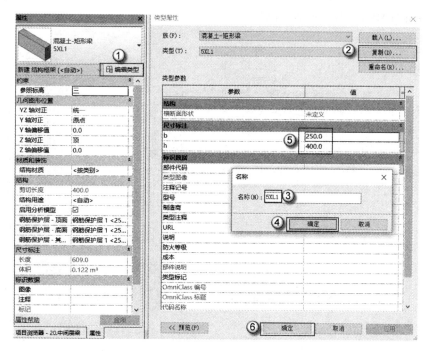

图 4.93　编辑其他梁

(16)绘制不同的悬挑梁。按下【BM】键发出"梁"命令,注意【放置平面】为"标高:五"层,根据设计要求在相应位置绘制悬挑梁 5XL1。捕捉悬挑梁的起始点,移动光标,捕捉悬挑梁的终止点,如图 4.94 所示,完成后如图 4.95 所示。根据上述步骤依次绘制好 5XL3、5L4,并且更改【Z 轴偏移值】为"0",完成后如图 4.96 所示。

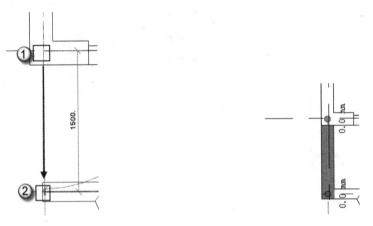

图 4.94　绘制悬挑梁　　　　　　图 4.95　完成悬挑梁 5XL1 绘制

(17)检查绘制的所有住宅梁。按下【F4】键可清晰看到住宅梁的三维效果,如图 4.97 所示。检查是否有遗漏的商铺梁,如有缺失及时补上。

(18)保存项目。单击【R】→【另存为】→【项目】,将该项目命名为"14.住宅梁",并单击【保存】按钮,如图 4.98 所示。

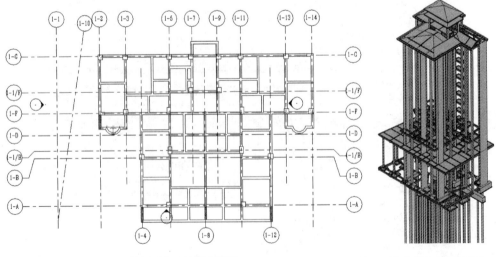

图 4.96　完成梁绘制　　　　　图 4.97　完成后的
　　　　　　　　　　　　　　　　　　住宅梁三
　　　　　　　　　　　　　　　　　　维视图

图 4.98 保存住宅梁项目

4.2.2 住宅板

在本项目中,住宅混凝土现浇楼板与商铺混凝土现浇楼板的布置类似,区别在于构件的尺寸与编号不同。将商铺层的构件复制到住宅层后,对构件进行修改即可,具体步骤如下。

(1) 打开住宅梁文件。单击【项目】→【打开】,在弹出的【打开】对话框中选择"14.住宅梁"RVT 项目文件,单击【打开】按钮,如图 4.99 所示。完成后进入项目制作界面,如图 4.100 所示。

图 4.99 打开住宅梁文件

(2) 编辑住宅板。按下【SB】键发出"楼板"命令,进入【√ │ ×】选项板,选择住宅

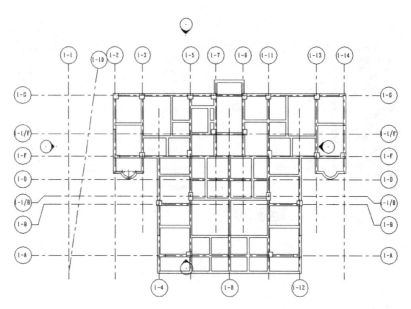

图 4.100 项目制作界面

板类型为"3LTB1",在其基础上进行编辑,如图 4.101 所示。然后单击【编辑类型】按钮,在弹出的【类型属性】对话框中,单击【复制】按钮,在弹出的【名称】对话框中输入"4LTB1",单击【确定】按钮,返回【类型属性】对话框并选择【确定】按钮,如图 4.102所示。将【属性】面板中的【自标高的高度偏移】更改为"—50",如图 4.103 所示。按照上述方式,完成住宅板 4LTB2 的编辑。

图 4.101 选择住宅板 类型

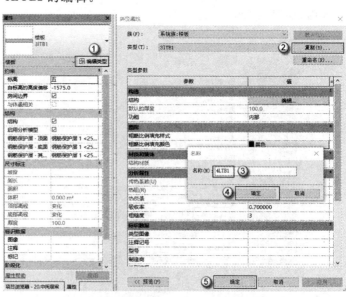

图 4.102 编辑住宅板 4LTB1

（3）绘制住宅板。在【√｜×】选项板中，单击【边界线】的【线】按钮，勾选"链"选项，捕捉板边界的起始点，移动光标画出板的边界，绘制板遇到柱时要先断开，另起一条线绘制，如图 4.104 所示。完成后如图 4.105 所示。

注意：在绘制楼板时，必须在一块板画好后退出【√｜×】选项板，然后再使用【SB】键进入【√｜×】选项板，绘制下一块板。

图 4.103　更改高度

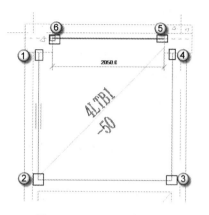

图 4.104　4LTB1 的绘制

（4）完善住宅板绘制。按下【TR】键，发出"修剪或延伸图元"命令，选择板内侧断开的两条线段（①和②），以形成一个角，如图 4.106 所示。另一个柱处的角点按上述方法完成，完成后如图 4.107 所示。

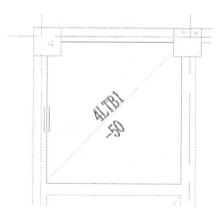

图 4.105　完成 4LTB1 初步绘制

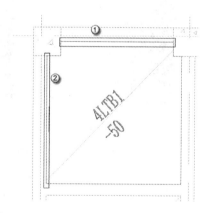

图 4.106　连接住宅板 4LTB1 的角点

（5）更改跨方向并完成住宅板绘制。在【√｜×】选项板中，单击【跨方向】按钮，单击需改变跨方向的住宅板边界，如图 4.108 所示。绘制好闭合的线后按下【√】按钮，退出板的绘制。按照上述方式，完成住宅板 4LTB2 的绘制。

（6）进入三维视图检查。按下【F4】键进入三维视图检查住宅板的绘制，如图 4.109 所示。

（7）编辑厕板 CB。按下【SB】键发出"楼板"命令，进入【√｜×】选项板，选择厕板类型为"3CB1"，在其基础上进行编辑，如图 4.110 所示。然后单击【编辑类型】按

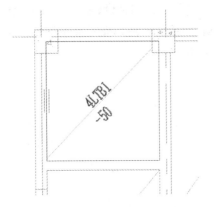

图 4.107 完成住宅板 4LTB1 角点连接

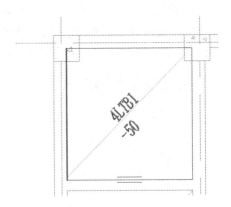

图 4.108 改变 4LTB1 的跨方向

图 4.109 检查三维视图

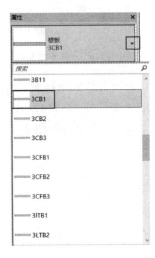

图 4.110 选择厕板类型

钮,在弹出的【类型属性】对话框中,单击【复制】按钮,在弹出的【名称】对话框中输入 "4CB1",单击【确定】按钮,返回【类型属性】对话框并选择【确定】按钮,如图 4.111 所示。将【属性】面板中的【自标高的高度偏移】更改为"-270",如图 4.112 所示。按照上述方式,完成厕板 4CB2、4CB3 的编辑。

(8)绘制厕板。在【√│×】选项板中,单击【边界线】的【线】按钮,勾选"链"选项,捕捉板边界的起始点,移动光标画出板的边界,绘制板遇到柱时要先断开,另起一条线绘制,如图 4.113 所示。完成后如图 4.114 所示。

(9)完善厕板绘制。按下【TR】键,发出"修剪或延伸图元"命令,选择板内侧断开的两条线段(①和②)以形成一个角,如图 4.115 所示。另一个柱处的角点按上述方法完成,完成后如图 4.116 所示。

注意:绘制完成后要注意厕板的跨方向是否正确。

(10)完成同一类厕板的绘制。绘制好闭合的线后按下【√】按钮,退出板的绘制。按照上述方式,完成厕板 4CB2、4CB3 的绘制。

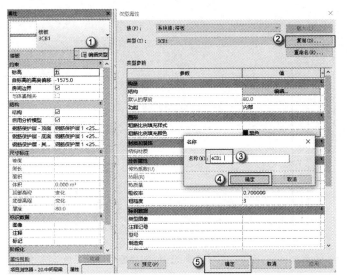

图 4.111　编辑厕板 4CB1　　　　　　　图 4.112　更改 4CB1 的高度

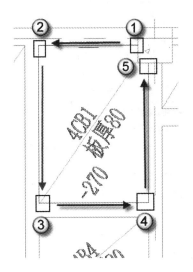
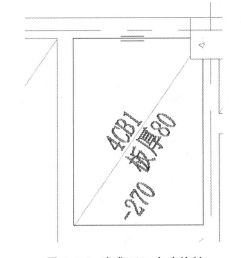

图 4.113　4CB1 的绘制　　　　　　　图 4.114　完成 4CB1 初步绘制

（11）编辑房间板 B。按下【SB】键发出"楼板"命令，进入【√｜×】选项板，选择房间板类型为"3B1"，在其基础上进行编辑，如图 4.117 所示。然后单击【编辑类型】按钮，在弹出的【类型属性】对话框中，单击【复制】按钮，在弹出的【名称】对话框中输入"4B1"，单击【确定】按钮，返回【类型属性】对话框并选择【确定】按钮，如图 4.118 所示。将【属性】面板中的【自标高的高度偏移】更改为"0"，如图 4.119 所示。按照上述方式，完成房间板 4B2、4B3、4B4、4B5、4B6、4B7、4B7a、4B8、4B9、4B10 和 4B11 的编辑。

（12）绘制房间板。在【√｜×】选项板中，单击【边界线】的【线】按钮，勾选"链"

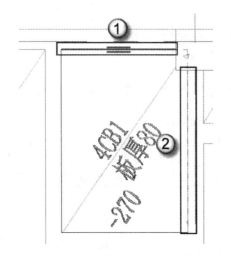

图 4.115　连接厕板 **4CB1** 的角点

图 4.116　完成厕板 **4CB1** 角点连接

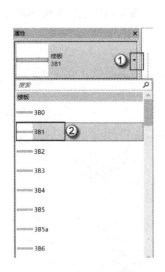

图 4.117　选择房间板类型

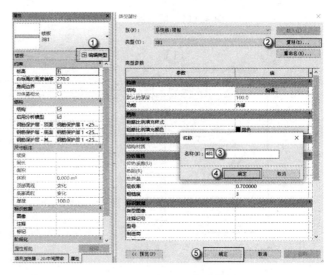

图 4.118　编辑房间板 **4B1**

选项,捕捉板边界的起始点,移动光标画出板的边界,绘制板遇到柱时要先断开,另起一条线绘制,如图 4.120 所示。完成后如图 4.121 所示。

(13)完善房间板绘制。按下【TR】键,发出"修剪或延伸图元"命令,选择板内侧断开的两条线段(①和②)以形成一个角,如图 4.122 所示。另一个柱处的角点按上述方法完成,完成后如图 4.123 所示。

(14)完成同一类房间板的绘制。绘制好闭合的线后按下【√】按钮,退出板的绘制。按照上述方式,完成房间板 4B2、4B3、4B4、4B5、4B6、4B7、4B7a、4B8、4B9、4B10 和 4B11 的绘制。

(15)编辑阳台板 YTB。按下【SB】键发出"楼板"命令,进入【√│×】选项板,选

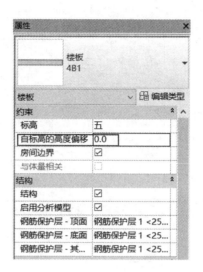

图 4.119 更改 4B1 的高度

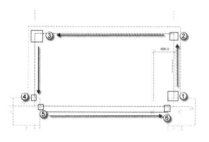

图 4.120 4B1 的绘制

图 4.121 完成 4B1 初步绘制

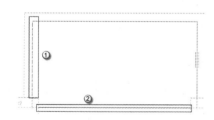

图 4.122 连接房间板 4B1 的角点

图 4.123 完成房间板 4B1 角点连接

择阳台板类型为"3YTB1",在其基础上进行编辑,如图 4.124 所示。然后单击【编辑类型】按钮,在弹出的【类型属性】对话框中,单击【复制】按钮,在弹出的【名称】对话框中输入"4YTB1",单击【确定】按钮,返回【类型属性】对话框并选择【确定】按钮,如图 4.125 所示。将【属性】面板中的【自标高的高度偏移】更改为"-50",如图 4.126 所示。按照上述方式,完成阳台板 4YTB2 和 4YTB3 的编辑。

(16)绘制阳台板。在【✓ | ✕】选项板中,单击【边界线】的【线】按钮,勾选"链"选项,捕捉板边界的起始点,移动光标画出板的边界,绘制板遇到柱时要先断开,另起

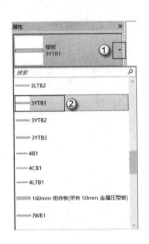

图 4.124　选择阳台板类型

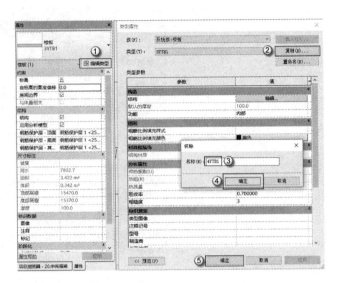

图 4.125　编辑阳台板 4YTB1

图 4.126　更改 4YTB1 的高度

一条线绘制,如图 4.127 所示。在绘制曲线时,可以选取【边界线】的【拾取线】绘制曲线,完成后如图 4.128 所示。

(17)完成同一类阳台板的绘制。绘制好闭合的线后按下【√】按钮,退出板的绘制。按照上述方式,完成阳台板 4YTB2 和 4YTB3 的绘制。

(18)编辑厨房板 CFB。按下【SB】键发出“楼板”命令,进入【√|×】选项板,选择厨房板类型为“3CFB1”,在其基础上进行编辑,如图 4.129 所示。然后单击【编辑类型】按钮,在弹出的【类型属性】对话框中,单击【复制】按钮,在弹出的【名称】对话框中输入“4CFB1”,单击【确定】按钮,返回【类型属性】对话框并选择【确定】按钮,如图 4.130 所示。将【属性】面板中的【自标高的高度偏移】更改为“-50”,如图 4.131 所示。按照上述方式,完成厨房板 4CFB2、4CFB3 的编辑。

(19)绘制楼板。在【√|×】选项板中,单击【边界线】的【矩形】按钮,勾选“链”

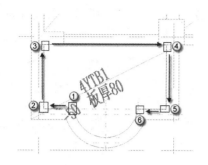

图 4.127　4YTB1 的绘制

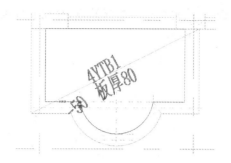

图 4.128　完成 4YTB1 初步绘制

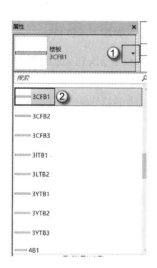

图 4.129　选择厨房板类型

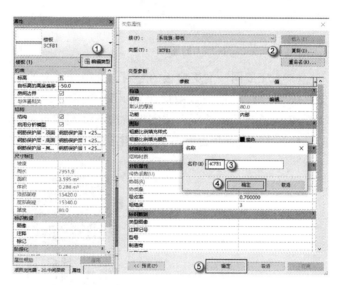

图 4.130　编辑厨房板 4CFB1

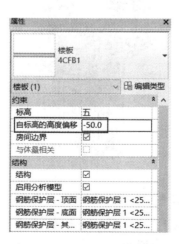

图 4.131　更改 4CFB1 的高度

选项,捕捉板边界的起始点,移动光标画出板的边界,如图 4.132 所示。完成后如图 4.133 所示。

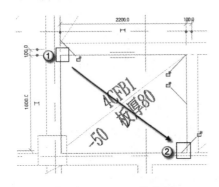

图 4.132　4CFB1 的绘制

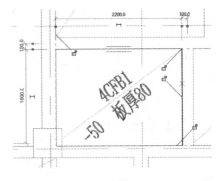

图 4.133　完成 4CFB1 绘制

（20）完成同一类厨房板的绘制。绘制好闭合的线后按下【√】按钮,退出板的绘制。按照上述方式,完成厨房板 4CFB2、4CFB3 的绘制。

（21）检查插入的所有住宅板。按下【F4】键可清晰看到住宅板的三维效果,如图 4.134 所示。检查是否有遗漏的住宅板,如有缺失及时补上。

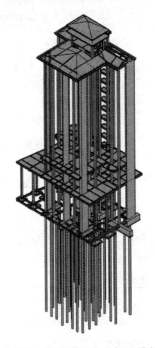

图 4.134　完成后的住宅板三维视图

（22）保存项目。单击【R】→【另存为】→【项目】,将该项目命名为"15.住宅板",并单击【保存】按钮,如图 4.135 所示。

图 4.135　保存住宅板项目

第5章 坡 屋 顶

坡屋顶又叫斜屋顶,是指排水坡度大于3‰的屋顶。坡屋顶在建筑中应用较广,主要有单坡式、双坡式、四坡式和折腰式等。以双坡式和四坡式采用较多。相对于平屋顶而言,坡屋顶在建筑立面造型上显得丰富而有变化,因此在住宅建筑中经常会使用到。

屋面坡度用斜面在垂直面上的投影高度(矢高)和在水平面上的投影长度(半个跨度)之比来表示;也可用高跨比(矢高和跨度之比)来表示;也可以用斜面和水平面的夹角来表示。在结构专业中使用梁、板的起点、终点标高来表示坡屋顶的坡度。

5.1 屋面梁

屋面梁是指在屋面结构中承受来自檩条、屋面板、屋面的荷载的主要结构构件,其主要承受弯矩和剪力。本例中采用钢筋混凝土矩形梁,有屋框梁(WKL)与屋次梁(WL)两种。由于是坡屋顶,所以会出现斜梁,斜梁在施工中技术要求比较高。

5.1.1 水平梁

水平梁使用 Revit 自带的"混凝土-矩形梁"RFA 族文件进行绘图,其起点标高与终点标高一致,操作比较简单,具体操作如下。

(1)新建水平梁,命名为 WKL1。在【项目浏览器】面板中选择【视图】→【屋面】,在当前结构平面中建水平梁,按下【BM】键,进入梁绘制界面。在【属性】面板中单击【编辑类型】按钮,在弹出的【类型属性】对话框中单击【复制】按钮,在弹出的【名称】对话框中输入"WKL1"字样,最后单击【确定】按钮,如图 5.1 所示。

注意:在编辑类型时,【b】是梁的宽度、【h】是梁的高度,都以毫米为单位。同一类型的梁,【b】与【h】的值是相同的。

(2)编辑 WKL1 的参数。在【类型属性】面板中【参数类型】下的【尺寸标注】中,在【b】一栏中输入"250"个单位,【h】一栏中输入"500"个单位,单击【确定】按钮,如图 5.2 所示。

(3)绘制 WKL1。沿着轴线绘制 WKL1,如图 5.3 所示。然后使用【MV】键稍微调整 WKL1 的位置,按下【F4】键,切换三维视图观察调整位置。

(4)命名 WKL3。在【项目浏览器】面板中选择【视图】→【屋面】,在当前结构平面中建水平梁,按下【BM】键,进入梁绘制界面。在【属性】面板中单击【编辑类型】按钮,在弹出的【类型属性】对话框中单击【复制】按钮,在弹出的【名称】对话框中输入"WKL3"字样,最后单击【确定】按钮,如图 5.4 所示。

(5)编辑 WKL3 的参数。在【类型属性】面板中【参数类型】下的【尺寸标注】中,

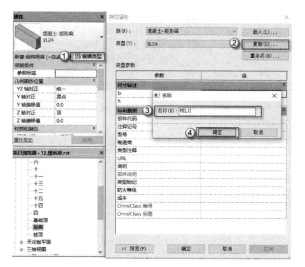

图 5.1 命名 WKL1

图 5.2 设置 WKL1 的参数

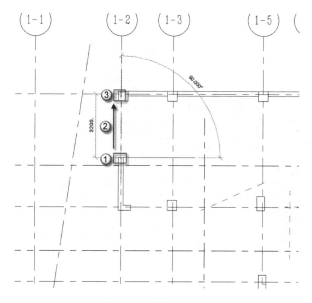

图 5.3 绘制 WKL1

在【b】一栏中输入"250"个单位,【h】一栏中输入"500"个单位,单击【确定】按钮,如图 5.5 所示。

(6)绘制 WKL3。沿着轴线绘制 WKL3,使用【MV】键稍微调整 WKL3 的位置,具体绘图操作参见绘制 WKL1 时的方法。按下【F4】键,切换三维视图观察并调整位置,如图 5.6 所示。

(7)命名水平梁 WKL11。在【项目浏览器】面板中选择【视图】→【屋面】,在当前结构平面中建水平梁 WKL11,按下【BM】键,进入梁绘制界面。在【属性】面板中单

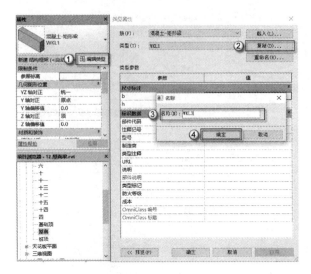

图 5.4　命名 WKL3 　　　　　　　　　　图 5.5　设置 WKL3 的参数

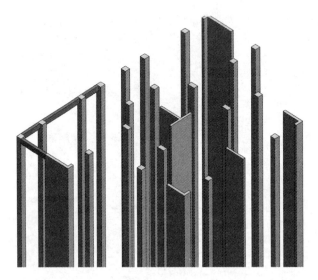

图 5.6　WKL3 三维视图

击【编辑类型】按钮,在弹出的【类型属性】对话框中单击【复制】按钮,在弹出的【名称】
对话框中输入"WKL11"字样,最后单击【确定】按钮,如图 5.7 所示。

(8)编辑 WKL11 的参数。在【类型属性】面板中【参数类型】下的【尺寸标注】
中,在【b】一栏中输入"250"个单位,【h】一栏中输入"500"个单位,单击【确定】按钮,
如图 5.8 所示。

(9)绘制 WKL11。参照图纸沿着轴线绘制 WKL11,使用【MV】键稍微调整
WKL11 的位置。按下【F4】键,切换三维视图观察并调整位置,如图 5.9 所示。

其他水平梁的绘制参照 WKL1、WKL3、WKL11 的绘制方法,完成屋面层水平

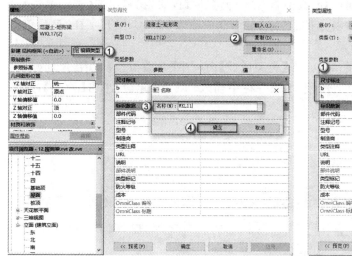

图 5.7　命名 WKL11　　　　　图 5.8　设置 WKL11 的参数

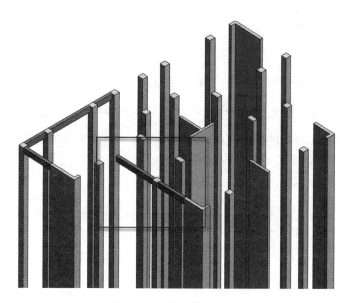

图 5.9　完成绘制 WKL11

梁的绘制。

5.1.2　斜梁

斜梁与水平梁一样,都使用 Revit 自带的"混凝土-矩形梁"RFA 族文件进行绘制。但其起点标高与终点标高不一致,操作比较烦琐,具体操作如下。

(1) 新建斜梁,绘制 WKL2(1)。在【项目浏览器】面板中选择【视图】→【屋面】,在当前结构平面中新建斜梁,按下【BM】键绘制梁。

(2) 命名斜梁。在【属性】面板中单击【编辑类型】按钮,在弹出的【类型属性】对话框中单击【复制】按钮,在弹出的【名称】对话框中输入"WKL2(1)"字样,最后单击【确定】按钮,如图 5.10 所示。

(3) 编辑 WKL2(1)的参数。在【类型属性】面板中【参数类型】下的【尺寸标注】中,在【b】一栏中输入"200"个单位,【h】一栏中输入"500"个单位,单击【确定】按钮,如图 5.11 所示。

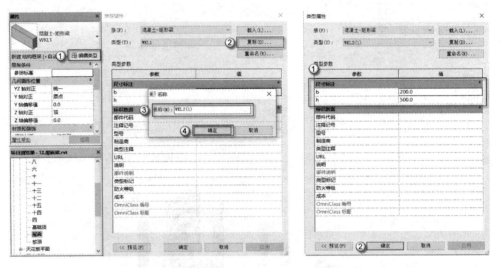

图 5.10 命名 WKL2(1)　　　　　　图 5.11 设置 WKL2(1)的参数

(4) 绘制 WKL2(1)的辅助轴线。沿着轴线以及辅助轴线绘制 WKL2(1)。按下【RP】键,参照图纸绘制所需要用到的辅助轴线,如图 5.12 所示。

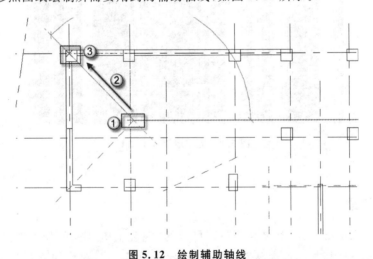

图 5.12 绘制辅助轴线

(5) 绘制 WKL2(1)。按下【BM】键绘制斜梁,沿轴线从起点开始绘制到梁最高点,按下【MV】键,调整移动绘制的梁的位置,如图 5.13 所示。选择绘制好的 WKL2

（1），设置斜梁参数。进入【属性】面板，在【起点标高偏移】中输入"0"个单位，在【终点标高偏移】中输入"1230"个单位，最后单击【应用】按钮，如图 5.14 所示。

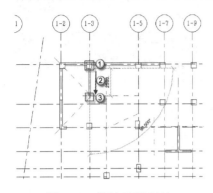

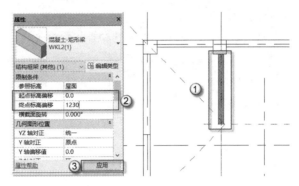

图 5.13　绘制 WKL2(1)　　　　　**图 5.14　设置 WKL2(1)的参数**

（6）绘制 WKL2(1)的另一半。选择 WKL2(1)，按下【MM】键，发出"有轴镜像"命令，选择相应的镜像轴完成镜像，切换三维视图观察斜梁位置，如图 5.15 所示。

注意：在绘制 WKL2(1)时，不能一次性从梁的起点绘制到终点，因为 WKL2(1)中间高、两边低，所以要分段绘制，从一边的起点绘制到最高点，再镜像已经绘制完成的斜梁到另一半，最后两边的梁连在一起便可以达到想要的效果。

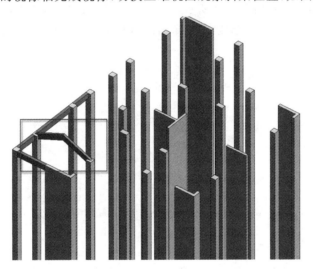

图 5.15　绘制完成 WKL2(1)

（7）命名 WL2(2)。在【项目浏览器】面板中选择【视图】→【屋面】，在当前结构平面中绘制 WL2(2)，按下【BM】键，进入梁绘制界面。在【属性】面板中单击【编辑类型】按钮，在弹出的【类型属性】对话框中单击【复制】按钮，在弹出的【名称】对话框中输入"WL2(2)"字样，最后单击【确定】按钮，如图 5.16 所示。

（8）编辑 WL2(2)的参数。在【类型属性】面板中【参数类型】下的【尺寸标注】中，在【b】一栏中输入"200"个单位，【h】一栏中输入"400"个单位，单击【确定】按钮，如图 5.17 所示。

（9）绘制 WL2(2)。按下【BM】键沿轴线开始绘制 WL2(2)，按下【MV】键，调整

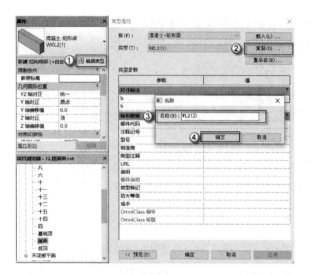

图 5.16　命名 WL2(2)

图 5.17　设置 WL2(2) 的参数

移动绘制的梁的位置，如图 5.18 所示。设置 WL2(2) 的参数，进入【属性】面板，在【Z轴偏移值】中输入"1230"个单位，最后单击【应用】按钮，如图 5.19 所示。

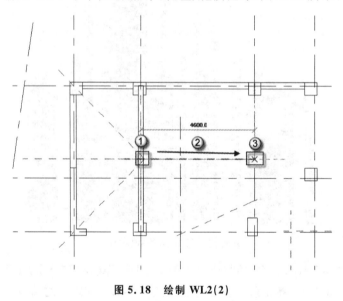

图 5.18　绘制 WL2(2)

（10）绘制 WL2(2) 的另一半。参照绘制斜梁 WKL2(1) 的方法绘制。按下【F4】键，切换三维视图观察梁的位置，如图 5.20 所示。

（11）命名 WKL17(2)。在【项目浏览器】面板中选择【视图】→【屋面】，在当前结构平面中建 WKL17(2)，按下【BM】键，进入梁绘制界面。在【属性】面板中单击【编辑类型】按钮，在弹出的【类型属性】对话框中单击【复制】按钮，在弹出的【名称】对话框中输入"WKL17(2)"字样，最后单击【确定】按钮，如图 5.21 所示。

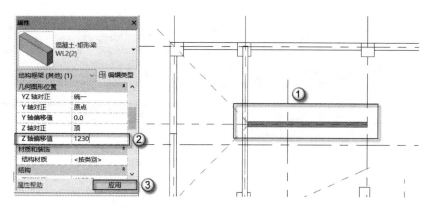

图 5.19 设置 WL2(2)偏移值

图 5.20 完成绘制 WL2(2)

(12)编辑 WKL17(2)的参数。在【类型属性】面板中【参数类型】下的【尺寸标注】中,在【b】一栏中输入"250"个单位,【h】一栏中输入"500"个单位,单击【确定】按钮,如图 5.22 所示。

(13)绘制 WKL17(2)的水平段。按下【BM】键,参照图纸沿轴线开始绘制 WKL17(2),按下【MV】键,调整移动绘制的梁的位置,如图 5.23 所示。

(14)绘制 WKL17(2)的斜梁段。按下【BM】键,参照图纸沿轴线开始绘制 WKL17(2)斜梁段,按下【MV】键,调整移动绘制的梁的位置。设置斜梁段参数,在【属性】面板中的【起点标高偏移】中输入"0"个单位,在【终点标高偏移】中输入"582"个单位,最后单击【应用】按钮,如图 5.24 所示。

按下【F4】键,切换三维视图观察梁的位置,如图 5.25 所示。斜梁由于起点、终点的标高不一样,所以一定要在三维视图中进行检查。

(15)命名 WKL9。WKL9 为组合梁,其中有斜梁段也有水平梁段,所以需要分段绘制 WKL9。在【项目浏览器】面板中选择【视图】→【屋面】,在当前结构平面中绘制 WKL9,按下【BM】键,进入梁绘制界面。在【属性】面板中单击【编辑类型】按钮,

注意:WKL17(2)一段水平,一段倾斜,所以要先绘制水平梁段,再绘制斜梁段,这样两段会自动连接在一起。

图 5.21 命名 WKL17(2)　　　　　　　图 5.22 设置 WKL17(2)的参数

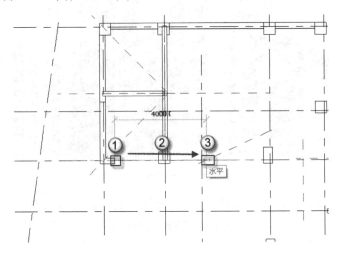

图 5.23 绘制 WKL17(2)水平段

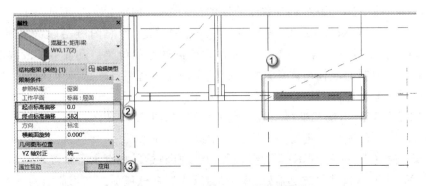

图 5.24 设置 WKL17(2)斜梁段参数

图 5.25　完成 WKL17(2)绘制

在弹出的【类型属性】对话框中单击【复制】按钮,在弹出的【名称】对话框中输入 "WKL9"字样,最后单击【确定】按钮,如图 5.26 所示。

(16)编辑 WKL9 的参数。在【类型属性】面板中【参数类型】下的【尺寸标注】中,在【b】一栏中输入"200"个单位,【h】一栏中输入"500"个单位,单击【确定】按钮, 如图 5.27 所示。

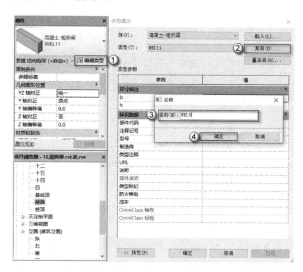

图 5.26　命名 WKL9

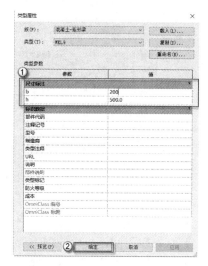

图 5.27　编辑 WKL9 的参数

(17)绘制 WKL9 的第一段。按下【BM】键,参照图纸沿轴线开始绘制梁 WKL9 的第一段,即斜梁段,绘制完成后,按下【MV】键,调整移动绘制的梁的位置,如图 5.28所示。设置参数,在【属性】面板中的【起点标高偏移】中输入"0"个单位,在【终点标高偏移】中输入"1230"个单位,最后单击【应用】按钮,如图 5.29 所示。

(18)绘制 WKL9 的第二段。按下【BM】键,参照图纸沿轴线开始绘制梁 WKL9 的第二段,也为斜梁段,绘制完成后,按下【MV】键,调整移动绘制的梁的位置。设置

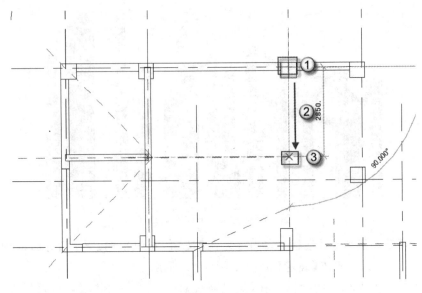

图 5.28　绘制 WKL9 的第一段

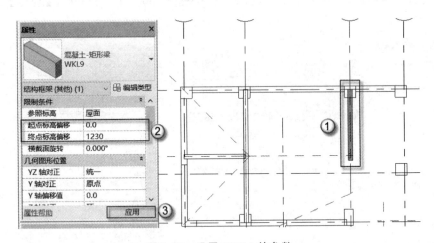

图 5.29　设置 WKL9 的参数

参数,在【属性】面板中的【起点标高偏移】中输入"1230"个单位,在【终点标高偏移】中输入"582"个单位,最后单击【应用】按钮,如图 5.30 所示。按下【F4】键切换到三维视图观察已经完成的 WKL9 的第一段和第二段,如图 5.31 所示。

(19)绘制 WKL9 的第三段。按下【BM】键,沿辅助轴线开始绘制梁 WKL9 的第三段(水平段),绘制完成后,按下【MV】键,调整移动绘制的梁的位置,如图 5.32 所示。设置 WKL9 参数,在【属性】面板中的【Z 轴偏移值】中输入"582"个单位,最后单击【应用】按钮,如图 5.33 所示。

(20)绘制 WKL9 的第四段。按下【BM】键,参照图纸绘制辅助轴线,按下【RP】键绘制辅助轴线,沿辅助轴线开始绘制 WKL9 的第四段(斜梁段),绘制完成后,按下

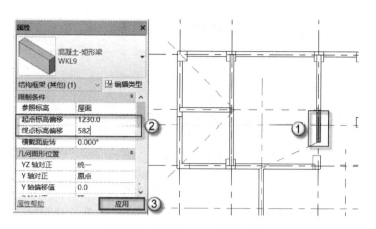

图 5.30　绘制 WKL9 的第二段

图 5.31　WKL9 三维视图

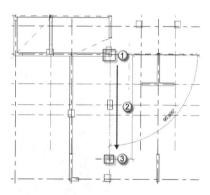

图 5.32　绘制 WKL9 的第三段

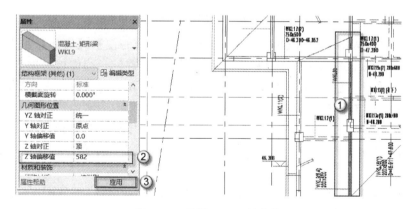

图 5.33　设置 WKL9 的参数

【MV】键，调整移动绘制的梁的位置，如图 5.34 所示。设置 WKL9 的参数，在【属性】面板中的【起点标高偏移】中输入"582"个单位，在【终点标高偏移】中输入"0"个单位，最后单击【应用】按钮，如图 5.35 所示。

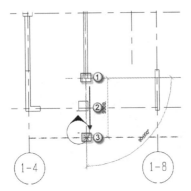

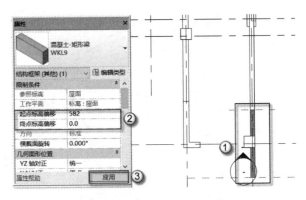

图 5.34　绘制 WKL9 的第四段　　　　　图 5.35　设置 WKL9 的参数

按下【F4】键切换到三维视图观察已经完成的 WKL9,如图 5.36 所示。

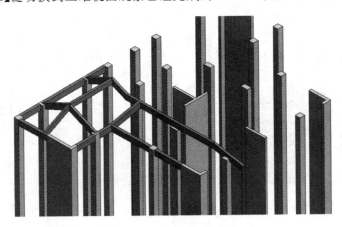

图 5.36　完成绘制 WKL9

(21) 命名 WKL9a。在【项目浏览器】面板中选择【视图】→【屋面】,在当前结构平面中绘制 WKL9a,按下【BM】键,进入梁绘制界面。在【属性】面板中单击【编辑类型】按钮,在弹出的【类型属性】对话框中单击【复制】按钮,在弹出的【名称】对话框中输入"WKL9a"字样,最后单击【确定】按钮,如图 5.37 所示。

(22) 编辑 WKL9a 的参数。在【类型属性】面板中【参数类型】下的【尺寸标注】中,在【b】一栏中输入"200"个单位,【h】一栏中输入"550"个单位,单击【确定】按钮,如图 5.38 所示。

(23) 绘制 WKL9a。按下【BM】键,参照图纸沿轴线开始绘制 WKL9a,绘制完成后,按下【MV】键,调整移动绘制的梁的位置,如图 5.39 所示。按下【F4】键切换到三维视图观察已经完成的 WKL9a,如图 5.40 所示。

(24) 命名 WKL9b。在【项目浏览器】面板中选择【视图】→【屋面】,在当前结构平面中绘制 WKL9b,按下【BM】键,进入梁绘制界面。在【属性】面板中单击【编辑类型】按钮,在弹出的【类型属性】对话框中单击【复制】按钮,在弹出的【名称】对话框中

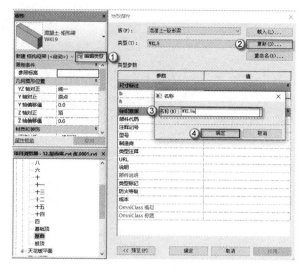

图 5.37 命名 WKL9a

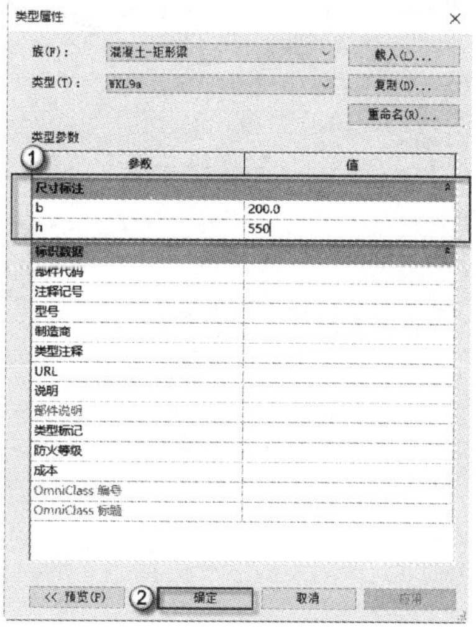

图 5.38 编辑 WKL9a 的参数

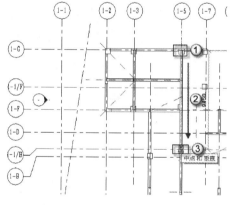

图 5.39 绘制 WKL9a

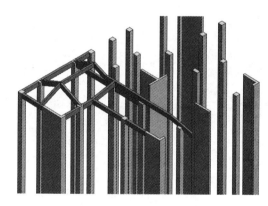

图 5.40 完成绘制 WKL9a

输入"WKL9b"字样,最后单击【确定】按钮,如图 5.41 所示。

(25)编辑 WKL9b 的参数。在【类型属性】面板中【参数类型】下的【尺寸标注】中,在【b】一栏中输入"200"个单位,【h】一栏中输入"400"个单位,单击【确定】按钮,如图 5.42 所示。

(26)绘制 WKL9b。按下【BM】键,参照图纸沿轴线开始绘制 WKL9b,绘制完成后,按下【MV】键,调整移动绘制的梁的位置,如图 5.43 所示。选择 WKL9b 设置其参数,在【属性】面板中的【Z 轴偏移值】中输入"1930"个单位,最后单击【应用】按钮,如图 5.44 所示。

按下【F4】键切换到三维视图,观察已经完成的 WKL9b,如图 5.45 所示。其他斜梁的绘制可参照 WKL2(1)、WL2(2)、WKL17(2)、WKL9 的绘制方法。

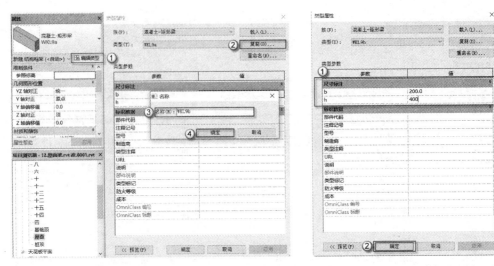

图 5.41 命名 WKL9b	图 5.42 编辑 WKL9b 的参数

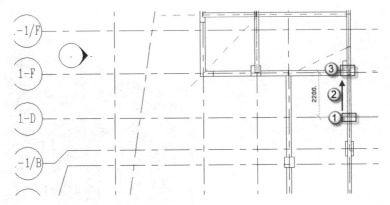

图 5.43 绘制 WKL9b

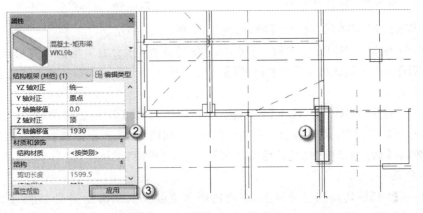

图 5.44 设置 WKL9b 的参数

图 5.45　完成绘制 WKL9b

5.2　其他构件

在本节中介绍屋面板、檐口这两种构件的绘制方法。屋面板与檐口都是钢筋混凝土构件，在专业中属于结构专业。

5.2.1　屋面板

屋面板位于房屋的屋顶，是可直接承受屋面荷载的板。屋面板虽然也是钢筋混凝土板，但不同于楼板，其还拥有防水、保温、隔热等功能。

（1）新建屋面板，绘制 WB1。在【项目浏览器】面板中选择【视图】→【屋面】，在当前结构平面中绘制 WB1，按下【SB】键，进入板绘制界面。在【属性】面板中单击【编辑类型】按钮，在弹出的【类型属性】对话框中单击【复制】按钮，在弹出的【名称】对话框中输入"WB1"字样，最后单击【确定】按钮，如图 5.46 所示。

（2）编辑 WB1 的参数。在【编辑部件】对话框中【结构［1］】的【厚度】中输入"100"个单位。最后单击【确定】按钮，如图 5.47 所示。

（3）绘制 WB1。按下【SB】键，进入绘制板的【√｜×】选项板，选择【边界线】→【直线】工具绘制，沿轴线和辅助轴线绘制屋面板（①→②→③），如图 5.48 所示。编辑 WB1 的参数，单击【坡度箭头】按钮，配合【Shift】键，从屋面的最高点绘制到最低点，如图 5.49 所示，再在【属性】面板中的【尾高度偏移】中输入"1230"个单位，最后单击【应用】按钮，如图 5.50 所示。单击【√】按钮，在弹出的"是否希望将高达此楼层的标高的墙附着到此楼层的底部"的选择对话框中，选择【否】按钮即可。

（4）绘制 WB1 的第二块。按下【SB】键，进入绘制板的【√｜×】选项板，选择【边界线】→【直线】工具绘制，沿轴线和辅助轴线绘制屋面板（①→②→③→④→⑤），如

注意：绘制屋面板时，如板与板之间以梁分隔，则将板的边线沿梁中线绘制，若板与板之间没有分隔，则沿屋脊线绘制。屋面板的外边线要沿梁的边缘线绘制。

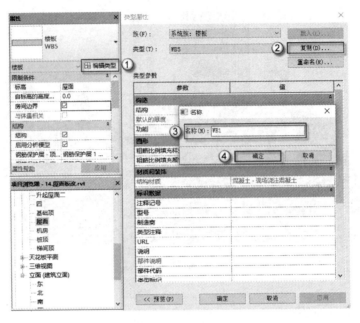

图 5.46　命名 WB1

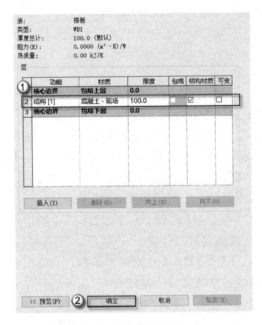

图 5.47　编辑 WB1 的参数

图 5.51 所示。编辑 WB1 的参数,单击【坡度箭头】按钮,配合【Shift】键,从屋面的最高点绘制到最低点,如图 5.52 所示,再在【属性】面板中的【尾高度偏移】中输入"1230"个单位,最后单击【应用】按钮,如图 5.53 所示。单击【√】按钮,在弹出的"是

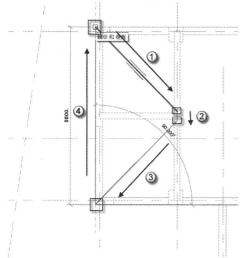

图 5.48　绘制 WB1

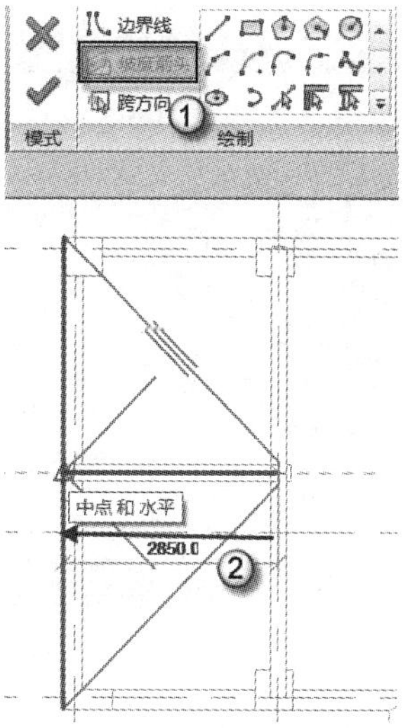

图 5.49　绘制 WB1 的坡度箭头

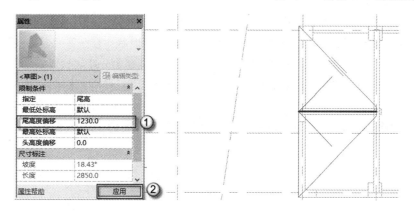

图 5.50　设置 WB1 的坡度参数

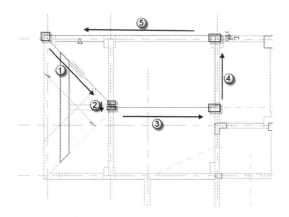

图 5.51　绘制 WB1 的第二块

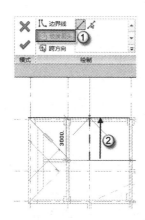

图 5.52　绘制 WB1 第二块的坡度箭头

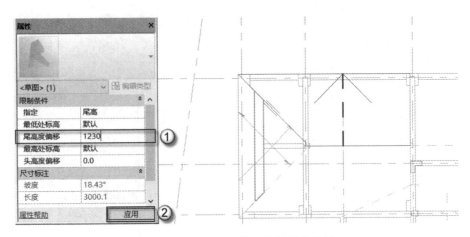

图 5.53 设置 WB1 第二块的坡度参数

否希望将高达此楼层的标高的墙附着到此楼层的底部"的选择对话框中,选择【否】即可。

(5) 绘制 WB1 的第三块。按下【SB】键,进入绘制板的【√│×】选项板,选择【边界线】→【直线】工具绘制,沿轴线和辅助轴线绘制屋面板(①→②→③→④→⑤→⑥),如图 5.54 所示。编辑 WB1 的参数,单击【坡度箭头】按钮,配合【Shift】键,从屋面的最高点绘制到最低点,如图 5.55 所示,再在【属性】面板中的【尾高度偏移】中输入"1230"个单位,最后单击【应用】按钮,如图 5.56 所示。单击【√】按钮,在弹出的"是否希望将高达此楼层的标高的墙附着到此楼层的底部"的选择对话框中,选择【否】即可。

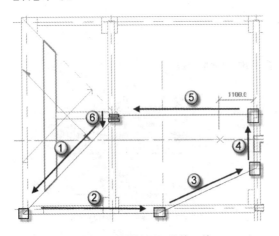

图 5.54 绘制 WB1 的第三块

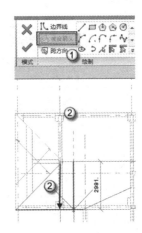

图 5.55 绘制 WB1 第三块的坡度箭头

(6) 绘制 WB1 的第四块。WB1 的第四块为一块三角形的板,按下【SB】键,进入绘制板的【√│×】选项板,选择【边界线】→【直线】工具绘制,沿轴线和辅助轴线绘制屋面板(①→②→③),如图 5.57 所示。编辑 WB1 的参数,单击【坡度箭头】按钮,配

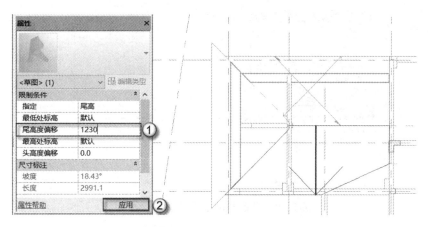

图 5.56　设置 WB1 第三块的坡度参数

合【Shift】键，从屋面的最高点绘制到最低点，如图 5.58 所示，再在【属性】面板中的【尾高度偏移】中输入"582"个单位，最后单击【应用】按钮，如图 5.59 所示。单击【√】按钮，在弹出的"是否希望将高达此楼层的标高的墙附着到此楼层的底部"的选择对话框中，选择【否】即可。

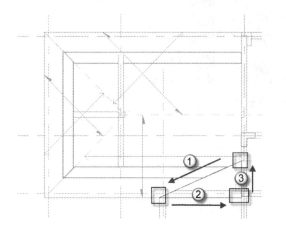

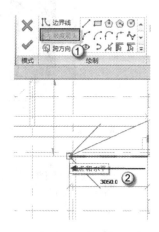

图 5.57　绘制 WB1 的第四块　　**图 5.58　绘制 WB1 第四块的坡度箭头**

绘制完成 WB1，按下【F4】键切换到三维视图，观察并调整 WB1 的位置，如图 5.60所示。由于 WB1 是斜板，所以一定要在三维视图中进行检查。

（7）命名 WB6。在【项目浏览器】面板中选择【视图】→【屋面】，在当前结构平面中绘制 WB6，按下【SB】键，进入板绘制界面。在【属性】面板中单击【编辑类型】按钮，在弹出的【类型属性】对话框中单击【复制】按钮，在弹出的【名称】对话框中输入"WB6"字样，最后单击【确定】按钮，如图 5.61 所示。

（8）编辑 WB6 的参数。在【编辑部件】对话框中【结构［1］】的【厚度】栏中输入"100"个单位。最后单击【确定】按钮，如图 5.62 所示。

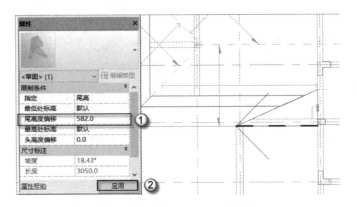

图 5.59　设置 WB1 第四块的坡度参数

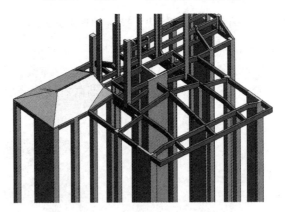

图 5.60　完成屋面板 WB1 绘制

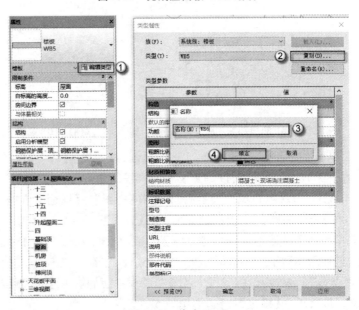

图 5.61　命名 WB6

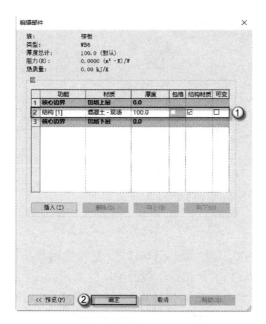

图 5.62　编辑 WB6 的参数

（9）绘制 WB6。按下【SB】键，进入绘制板的【√｜×】选项板，选择【边界线】→【直线】工具绘制，沿轴线和辅助轴线绘制屋面板（①→②→③→④），如图 5.63 所示。编辑 WB6 的参数，单击【坡度箭头】按钮，配合【Shift】键，从屋面的最高点绘制到最低点，如图 5.64 所示，再在【属性】面板中的【尾高度偏移】中输入"582"个单位，最后单击【应用】按钮，如图 5.65 所示。单击【√】按钮，在弹出的"是否希望将高达此楼层的标高的墙附着到此楼层的底部"的选择对话框中，选择【否】即可。

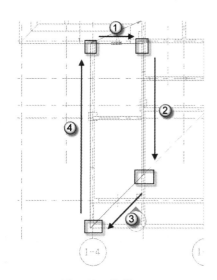

图 5.63　绘制 WB6

图 5.64　设置 WB6 的坡度箭头

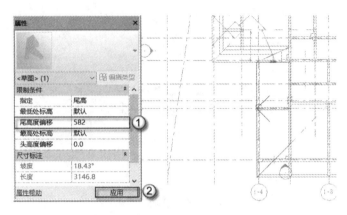

图 5.65　设置 WB6 的坡度参数

(10)绘制 WB6 的第二块。按下【SB】键,进入绘制板的【√|×】选项板,选择【边界线】→【直线】工具绘制,沿轴线和辅助轴线绘制屋面板(①→②→③),如图5.66所示。编辑 WB6 的参数,单击【坡度箭头】按钮,配合【Shift】键,从屋面的最高点绘制到最低点,如图 5.67 所示,再在【属性】面板中的【尾高度偏移】中输入"582"个单位,最后单击【应用】按钮。单击【√】按钮,在弹出的"是否希望将高达此楼层的标高的墙附着到此楼层的底部"的选择对话框中,选择【否】即可。绘制完成 WB6,按下【F4】键切换到三维视图,观察并调整 WB6 的位置,如图 5.68 所示。

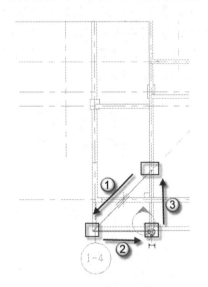

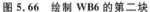

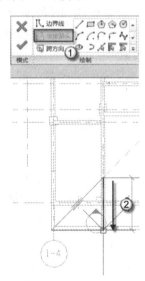

图 5.66　绘制 WB6 的第二块　　　　图 5.67　设置 WB6 第二块的坡度箭头

(11)命名 WB8。在【项目浏览器】面板中选择【视图】→【屋面】,在当前结构平面中绘制 WB8,按下【SB】键,进入板绘制界面。在【属性】面板中单击【编辑类型】按钮,在弹出的【类型属性】对话框中单击【复制】按钮,在弹出的【名称】对话框中输入

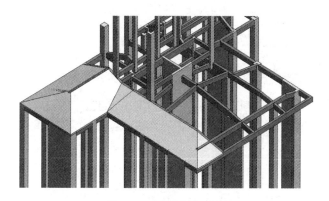

图 5.68　绘制完成 WB6

"WB8"字样,最后单击【确定】按钮,如图 5.69 所示。

图 5.69　命名 WB8

(12) 编辑 WB8 的参数。在【编辑部件】对话框中【结构[1]】的【厚度】栏中输入"150"个单位,最后单击【确认】按钮,如图 5.70 所示。

(13) 绘制 WB8。按下【SB】键,进入绘制板的【√|×】选项板,选择【边界线】→【直线】工具绘制,沿轴线和辅助轴线绘制屋面板(①→②→③→④),如图 5.71 所示。编辑 WB8 的参数,单击【坡度箭头】按钮,配合【Shift】键,从屋面的最高点绘制到最低点,如图 5.72 所示,再在【属性】面板中的【尾高度偏移】中输入"1230"个单位,【头高度偏移】中输入"582"个单位。最后单击【应用】按钮,如图 5.73 所示。单击【√】按钮,在弹出的"是否希望将高达此楼层的标高的墙附着到此楼层的底部"的选择对话

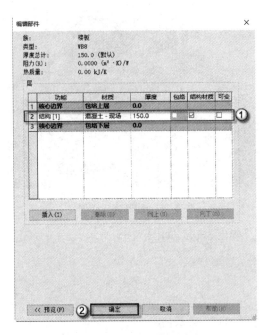

图 5.70　编辑 WB8 的参数

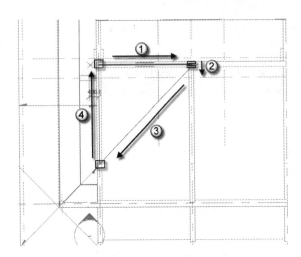

图 5.71　绘制 WB8

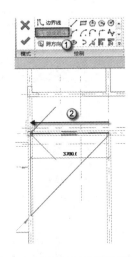

图 5.72　设置 WB8 的坡度箭头

框中,选择【否】即可。

(14)绘制 WB8 的第二块。按下【SB】键,进入绘制板的【√|×】选项板,选择【边界线】→【直线】工具绘制,沿轴线和辅助轴线绘制屋面板(①→②→③→④),如图 5.74 所示。编辑 WB8 的参数,单击【坡度箭头】按钮,配合【Shift】键,从屋面的最高点绘制到最低点,如图 5.75 所示,再在【属性】面板中的【尾高度偏移】中输入"1230"个单位,【头高度偏移】中输入"0"个单位,最后单击【应用】按钮,如图 5.76 所示。单

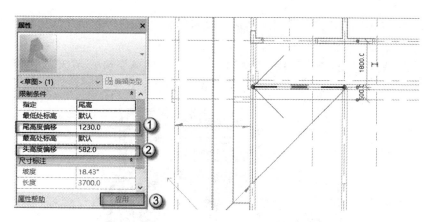

图 5.73 设置 WB8 的坡度参数

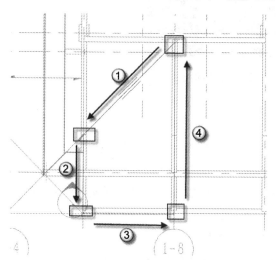

图 5.74 绘制 WB8 的第二块

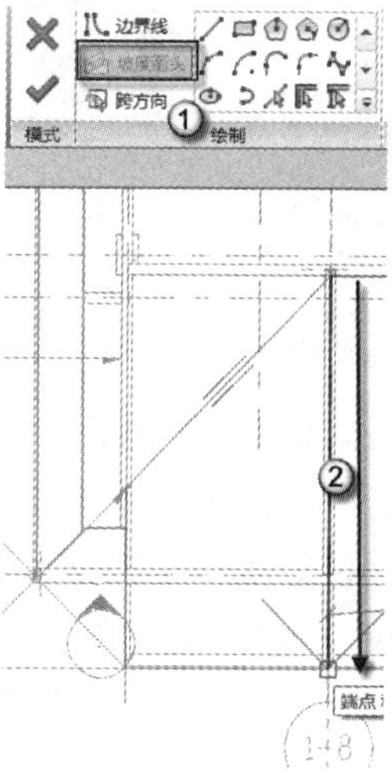

图 5.75 设置 WB8 第二块的坡度箭头

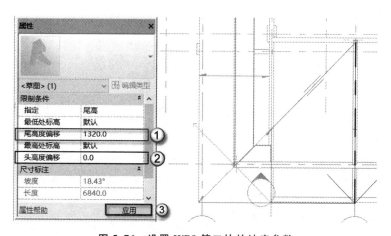

图 5.76 设置 WB8 第二块的坡度参数

击【√】按钮,在弹出的"是否希望将高达此楼层的标高的墙附着到此楼层的底部"的选择对话框中,选择"否"即可。

绘制完成 WB8,按下【F4】键切换到三维视图,观察并调整 WB8 的位置,如图5.77所示。其他板的绘制参见 WB1、WB6、WB8 的绘制方法。

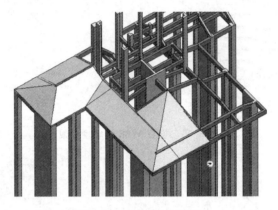

图 5.77　绘制完成 WB8

5.2.2　檐口

檐口就是指建筑构图中位于顶部的典型的带线脚的水平部件,"檐口"常被误作"沿口"。一般说的屋面檐口是指屋面的最外边缘处的屋檐的上边缘,即"上口"。

坡屋顶的檐口主要分为挑檐和包檐两种。挑檐通常用于自由排水,有时也用于降水量较小的地区的低层建筑的有组织排水;包檐是在檐口外墙上部砌出压檐墙或女儿墙,将檐口包住,在包檐内设天沟。本例采用挑檐的构造方式。

(1)新建檐口。绘制檐口族,打开 Revit,选择【族】→【打开】→【结构】→【框架】→【混凝土】→【混凝土-矩形梁】RFA 族文件,如图5.78所示,进入檐口族绘制界面。

图 5.78　绘制檐口族

（2）命名檐口。进入绘制界面后，在【项目浏览器】面板中选择【立面】→【右】，进入右立面图。按下【Delete】键删除矩形梁的轮廓，删除后如图 5.79 所示。单击【族类型】按钮，在弹出的【族类型】对话框中单击【新建】按钮，在弹出的【名称】对话框中输入"檐口"字样，单击【确定】按钮，如图5.80所示。

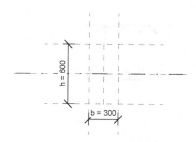

图 5.79　删除矩形梁轮廓

（3）编辑檐口材质参数。单击【…】按钮，如图 5.81 所示，弹出【材质浏览器】对话框，选择"混凝土-现场浇注混凝土"材质，单击【确定】按钮，如图 5.82 所示。

注意：为便于后面将檐口族插入三维模型中，在绘制檐口辅助轴线时最好上下居中、左右对称。这样将族插入项目中后，中心点是一致的。

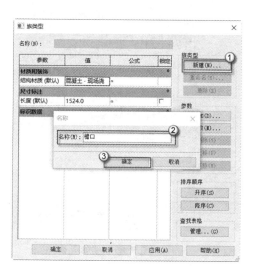

图 5.80　新建檐口族

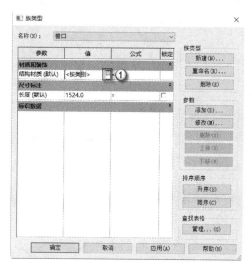

图 5.81　编辑檐口材质参数

（4）绘制檐口辅助轴线。在【项目浏览器】面板中选择【立面】→【右】，进入右立面视图，按下【RP】键，参照施工图绘制檐口边缘的辅助轴线，如图 5.83 所示。

（5）绘制檐口。在【项目浏览器】面板中选择【楼层平面】→【参照标高】，单击【创建】→【放样】→【绘制路径】，进入【放样】下的【绘制路径】，如图 5.84 所示。绘制完路径后，单击【√】按钮，再绘制轮廓。单击【编辑轮廓】按钮，在弹出的【转到视图】对话框中，选择"立面：右"选项，单击【打开视图】按钮，进入【放样】下的【绘制轮廓】，如图 5.85 所示。沿着上一步绘制的檐口轮廓辅助轴线绘制檐口轮廓，绘制完成后单击两次【√】，如图 5.86 所示。

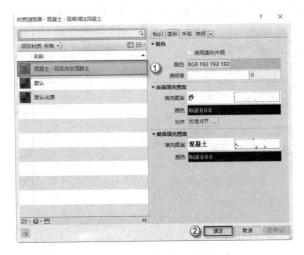

图 5.82　选择檐口材质

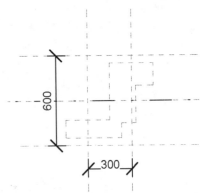

图 5.83　绘制檐口辅助轴线

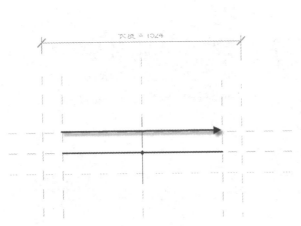

图 5.84　绘制路径

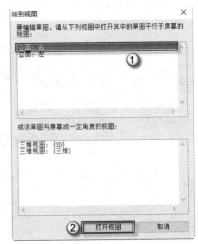

图 5.85　编辑轮廓

（6）绘制完成。按下【F4】键切换到三维视图，观察并调整绘制完成的檐口，如图 5.87 所示。

（7）保存。绘制完成檐口族后，单击【另存为】→【族】，选择本地计算机上合适的位置保存，在【文件名】中输入"檐口"字样，单击【保存】按钮，如图 5.88 所示。

（8）将檐口族插入三维模型中。进入项目中，单击【插入】→【载入族】，弹出【载入族】对话框，选择刚才绘制好的檐口族，单击【打开】完成载入族，如图 5.89 所示。

（9）绘制檐口辅助轴线。在【项目浏览器】面板中选择【视图】→【屋面】，参照图纸中檐口的位置，绘制辅助轴线，如图 5.90 所示。

注意:放样绘制完成后要单击两次【√】,第一次单击【√】是针对轮廓绘制完成,第二次单击【√】是针对路径绘制完成,所以要单击两次【√】完成绘制。

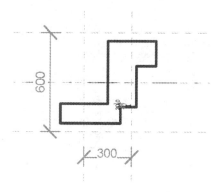

图 5.86 绘制檐口轮廓

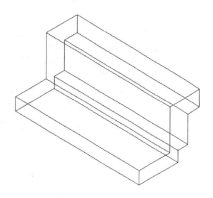

图 5.87 完成绘制檐口

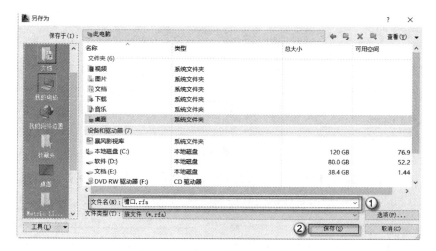

图 5.88 保存

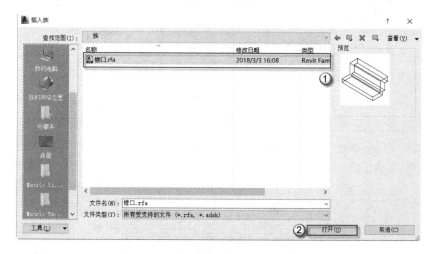

图 5.89 载入檐口族到三维模型中

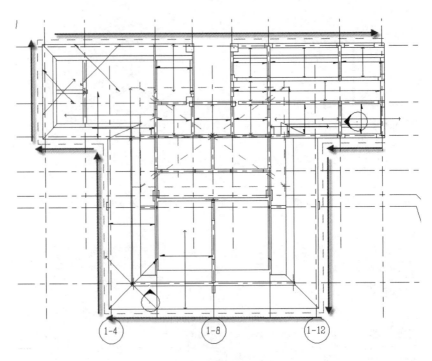

图 5.90 绘制辅助轴线

注意:因为绘制檐口族时选择的是"混凝土-矩形梁"族样板文件,所以在载入檐口族后需要在梁里面找檐口族。

(10)绘制檐口。在【项目浏览器】面板中选择【视图】→【屋面】,单击【结构】→【梁】,沿上一步绘制的辅助轴线顺时针绘制檐口,如图 5.91 所示。

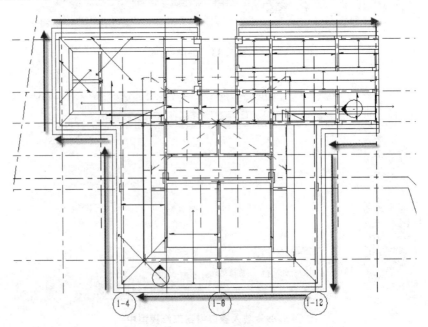

图 5.91 绘制檐口

　　绘制完成后，按下【F4】键切换到三维视图观察并调整檐口的位置，如图 5.92 所示。可以观察到，在坡屋顶的外侧边界有一圈钢筋混凝土檐口。

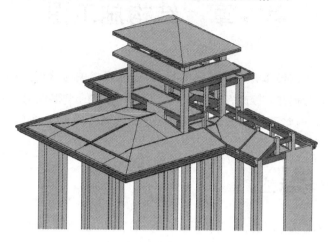

图 5.92　绘制完成檐口

第6章 结构施工图

建完结构专业的模型并不是最终的目的,还需要相关的 RVT 文件才能够出图,因此需要对其进行标注,生成结构施工图。Revit 自带的二维注释族不能满足我国制图规范的要求,因此需要自建族。已经建立的建筑专业的注释族,因为侧重点不同,在此处也不能使用。

6.1 标记与标注

在 Revit 中注释有两类:标记与标注。标记这个功能比较智能,可以自动读取构件的常规信息,并自动标记;而标注就需要手动将构件的内容输入计算机中。当然,能够使用标记最好,可是目前受软件开发的限制,还是有一些对象或对象的局部信息要使用标注。

6.1.1 基础标记

在建立了基础标记族之后,可以用"按类别标记"命令,对项目文件中的基础对象进行智能标记。这个命令可以自动读取基础族下面的类型名称,并标记到基础附近。具体操作如下。

(1)修改基础标记族。在 Revit 主操作界面下单击【打开】按钮,在弹出的【打开】对话框中,选择【注释】→【标记】→【结构】→【标记_结构基础.rfa】族文件,然后单击【打开】按钮,如图 6.1 所示。

图6.1 修改基础标记族

（2）编辑基础标记族。选中基础标记，单击【编辑类型】按钮，在弹出的【类型属性】对话框中设置【背景】为"透明"选项，【文字字体】选择"仿宋"选项，在【宽度系数】中输入"0.7"个单位，如图 6.2 所示。

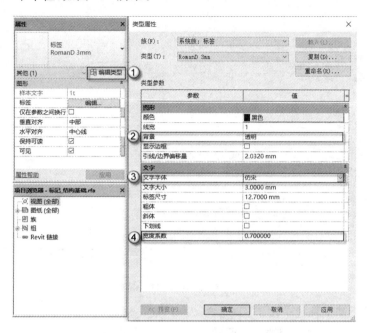

图 6.2　编辑基础标记族

（3）保存基础标记族。单击【R】→【另存为】→【族】，在弹出的【另存为】对话框中选择要保存的文件夹，在【文件名】栏中输入"基础标记"字样，单击【保存】按钮，完成操作，如图 6.3 所示。

图 6.3　保存基础标记族

(4) 插入基础标记族。打开已绘制好的项目文件,在【项目浏览器】面板中选择【结构平面】→【基础顶】视图,单击【插入】→【载入族】,在弹出的【载入族】对话框中选择之前编辑好的"基础标记"族,单击【打开】按钮,如图 6.4 所示。

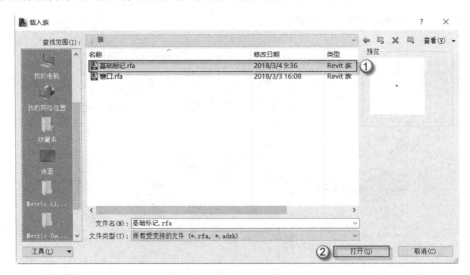

图 6.4　打开基础标记族

(5) 进行基础标记。按下【TG】键,发出"按类别标记"命令,不勾选"引线"复选框,选择要标记的基础,如图 6.5 所示。系统会自动进行标记。

(6) 调整标记的位置。J1 标记的位置有问题,与图形有交错现象,看不清楚,需要调整其位置。选中"J1"字样,直接拖动到合适的位置,如图 6.6 所示。

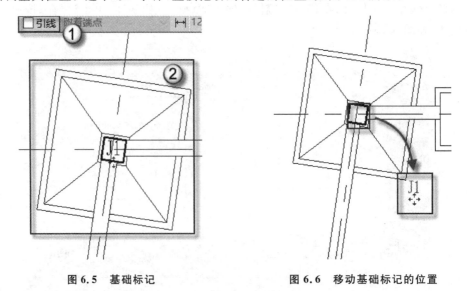

图 6.5　基础标记　　　　　　　　图 6.6　移动基础标记的位置

根据上述步骤对其他基础进行标记并调整好位置,如图 6.7 所示。

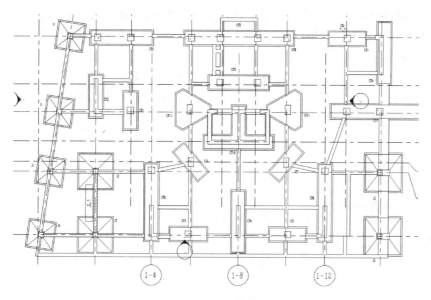

图 6.7　完成基础标记

6.1.2　柱标记

在建立了柱标记族之后，可以用"**按类别标记**"命令，对项目文件中的柱对象进行智能标记。这个命令可以自动读取柱族下面的类型名称，并标记到柱附近。具体操作如下。

（1）修改柱标记族。在 Revit 主操作界面下单击【打开】按钮，在弹出的【打开】对话框中，选择【注释】→【标记】→【结构】→【标记_结构柱.rfa】族文件，然后单击【打开】按钮，如图 6.8 所示。

图 6.8　打开柱标记族

(2)编辑柱标记族。选中柱标记,单击【编辑类型】按钮,在弹出的【类型属性】对话框中设置【背景】为"透明"选项,【文字字体】选择"仿宋"选项,【宽度系数】中输入"0.7"个单位,如图 6.9 所示。

(3)保存柱标记族。单击【R】→【另存为】→【族】按钮,在弹出的【另存为】对话框中选择要保存的文件夹,在【文件名】栏中输入"柱标记"字样,单击【保存】按钮,完成操作,如图 6.10 所示。单击【R】→【关闭】按钮,返回 Revit 主操作界面。

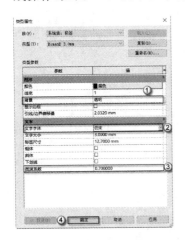

图 6.9 编辑柱标记族

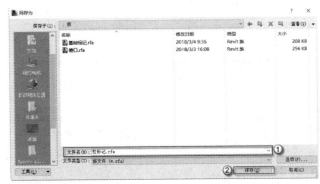

图 6.10 保存柱标记族

(4)插入柱标记族。打开已绘制好的结构模型,在【项目浏览器】面板中选择【结构平面】→【二】视图,单击【插入】→【载入族】按钮,在弹出的【载入族】对话框中选择之前编辑好的"柱标记"族,单击【打开】按钮,如图 6.11 所示。

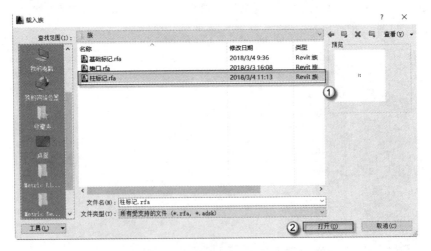

图 6.11 插入柱标记族

(5)进行柱标记并调整。按下【TG】键,不勾选"引线"复选框,选择要标记的柱,如图 6.12 所示。选中"KZ1"字样,拖动到合适的位置,如图 6.13 所示。根据上述步骤对其他柱进行标记并调整好位置,如图 6.14 所示。

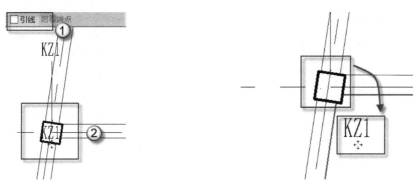

图 6.12 柱标记   图 6.13 调整柱标记的位置

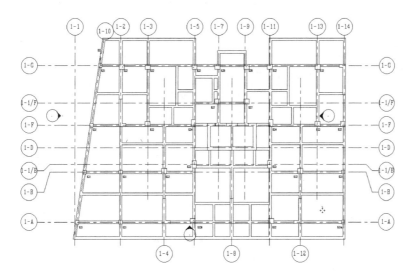

图 6.14 完成柱标记

6.1.3 梁的标记与标注

梁的情况比较特殊,梁的名称与横截面尺寸需要使用"按类别标记"命令进行标记,但梁的标高要使用注释族进行标注。具体操作如下。

1. 梁的标记

(1)设置共享参数。打开模型双击任意梁构件进入族的编辑模式。单击【族类型】,在弹出的【族类型】对话框中选中【b】的长度,单击【修改】按钮,在弹出的【参数属性】对话框中选择"共享参数"参数类型,单击【选择】按钮,如图 6.15 所示。在弹出的【共享参数】对话框中单击【编辑】按钮,在弹出的【编辑共享参数】对话框中单击【创建】按钮,如图 6.16 所示。在弹出的【创建共享参数文件】对话框中的【文件名】栏输入"高层三维模型"字样,单击【保存】按钮,如图 6.17 所示。

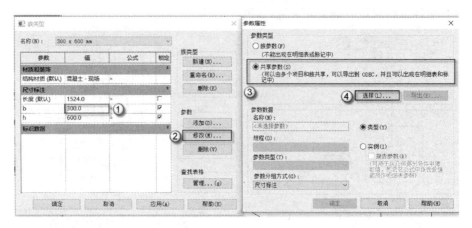

图 6.15　选择共享参数

图 6.16　设置共享参数

图 6.17　保存共享参数

（2）编辑共享参数。单击【组】下的【新建】按钮，在弹出的【新参数组】对话框中的【名称】栏输入"梁"字样，单击【确定】按钮，如图 6.18 所示。单击【参数】下的【新建】按钮，在弹出的【参数属性】对话框中的【名称】栏输入"梁-b"字样，单击【确定】按钮，如图 6.19 所示。用同样的方法再新建一个"梁-h"参数。选中"梁-b"参数，在每个对话框均单击【确定】按钮。

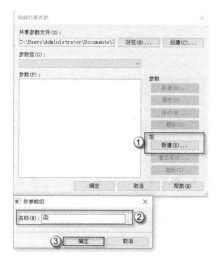

图 6.18 新建组

图 6.19 新建参数

（3）共享参数替换。单击【族类型】按钮，在弹出的【族类型】对话框中选择【h】的长度，单击【修改】按钮，在弹出的【参数属性】对话框中选择"共享参数"参数类型，单击【选择】按钮，在弹出的【编辑共享参数】对话框中，选择"梁-h"参数，在每个对话框均单击【确定】按钮，如图 6.20 所示。单击【载入到项目中】，在弹出的【族已存在】对话框中单击【覆盖现有版本及其参数值】按钮。单击【保存】→【关闭】按钮，返回 Revit 主操作界面。

图 6.20 替换共享参数

（4）打开梁标记族。在 Revit 主界面中【族】栏下单击【打开】按钮，将弹出【打开】对话框，选择【注释】→【标记】→【结构】→【标记_结构梁.rfa】族，然后单击【打开】

注意：在【族类型】对话框中，要用梁类型中的梁-h、梁-b 这两个共享参数分别去代替族参数 h、b，这样才能自动生成标记。

按钮,如图 6.21 所示。

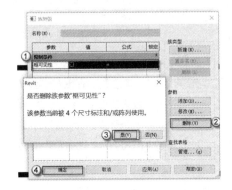

图 6.21　打开梁标记族

注意:在标注
数字与文字外侧
有一个框是国外
结构施工图的画
法,不符合我国相
应制图规范的要
求,必须将其删
除。

　　(5)修改梁标记族。单击【族类型】,在弹出的【族类型】对话框中选中"框可见性"选项,单击【参数】下的【删除】按钮,在弹出的【Revit】对话框中单击【是】按钮,如图 6.22 所示。然后在屏幕中选择不需要的框线,并按下【Delete】键将其删除。

图 6.22　修改族类型

注意:梁的标
注一般采用类似
"200×600"的形
式,就是"梁-b×
梁-h"。梁-b 与梁-
h 这两个参数之间
没有空格,用"×"
相连。这就是在
【后缀】与【空格】
中进行相应设定
的原因。

　　(6)编辑梁标记族。选中梁标记,单击【编辑类型】按钮,在弹出的【类型属性】对话框中设置【背景】为"透明"选项,【文字字体】选择"仿宋"选项,在【宽度系数】中输入"0.7"个单位,如图 6.23 所示。

　　(7)添加共享参数。单击【创建】→【标签】,在梁标记中间插入标签,即①处,在弹出的【编辑标签】对话框中单击【添加参数】按钮(②处),在弹出的【参数属性】对话框中单击【选择】按钮,在弹出的【共享参数】对话框中选中"梁-b"参数,在每个对话框均单击【确定】按钮,如图 6.24 所示。用同样的方法添加梁-h 参数。

　　(8)编辑标签。分别选中"梁-b""梁-h"选项,单击【将参数添加到标签】按钮(②处),在【梁-b】的【后缀】栏输入"×"字样,在【梁-h】的【空格】栏输入"0"个单位,单击【确定】按钮,如图 6.25 所示。

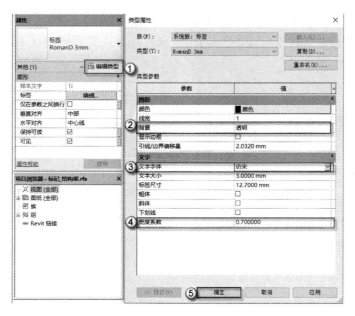

图 6.23　编辑梁标记族

图 6.24　添加共享参数

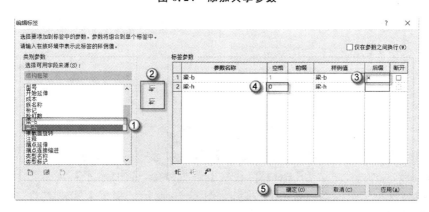

图 6.25　编辑标签

(9) 保存梁标记族。单击【R】→【另存为】→【族】按钮,在弹出的【另存为】对话框中选择要保存的文件夹,在【文件名】栏中输入"梁标记"字样,单击【保存】按钮,完成操作,如图 6.26 所示。

图 6.26　保存梁标记族

(10) 插入梁标记族。打开已绘制好的结构模型,在【项目浏览器】面板中选择【结构平面】→【二】视图,单击【插入】→【载入族】按钮,在弹出的【载入族】对话框中选择之前编辑好的"梁标记"族,单击【打开】按钮,如图 6.27 所示。

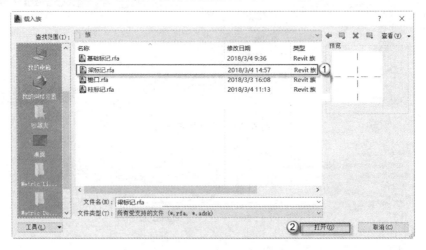

图 6.27　打开梁标记族

(11) 进行梁标记及调整。按下【TG】键,不勾选"引线"复选框,选择要标记的梁,如图 6.28 所示。按下【Enter】键,重复上一步命令,选中【水平】,选择要标记的水平向的梁,选中标记拖动到合适的位置,如图 6.29 所示。根据上述步骤对二层的其他梁、基础顶层梁和屋面梁进行标记并调整好位置,如图 6.30、图 6.31、图 6.32 所示。单击【保存】→【关闭】按钮,返回 Revit 主操作界面。

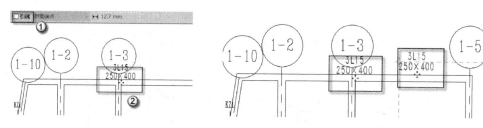

图 6.28 梁标记   图 6.29 水平梁标记及调整

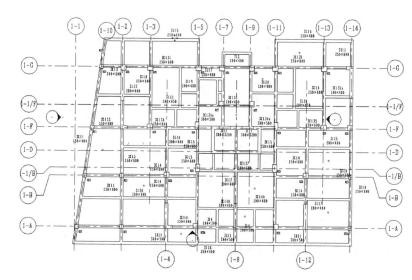

图 6.30 二层梁标记

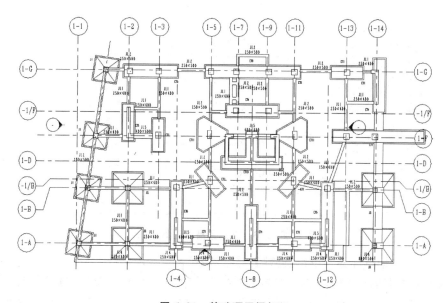

图 6.31 基础顶层梁标记

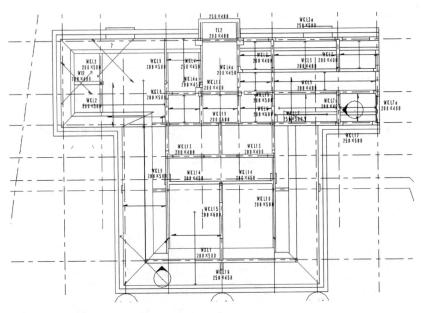

图 6.32 屋面梁标记

2. 梁高的标注

(1)新建梁高标注族。在 Revit 主操作界面的【族】栏下单击【新建】按钮,在弹出的【打开】对话框中,选择【注释】→【公制常规注释. rft】族,然后单击【打开】按钮,如图 6.33 所示。

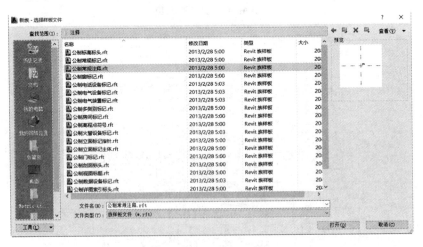

图 6.33 新建梁高标注族

(2)添加编辑标签。单击【创建】→【标签】按钮,选择屏幕中心的位置,在弹出的【编辑标签】对话框中单击【添加参数】按钮(①所在的位置),在弹出的【参数属性】对话框中的【名称】栏中输入"请输入标高"字样,在【参数类型】栏中选择"文字"选项,并选择"实例"选项,单击【确定】按钮,如图 6.34 所示。

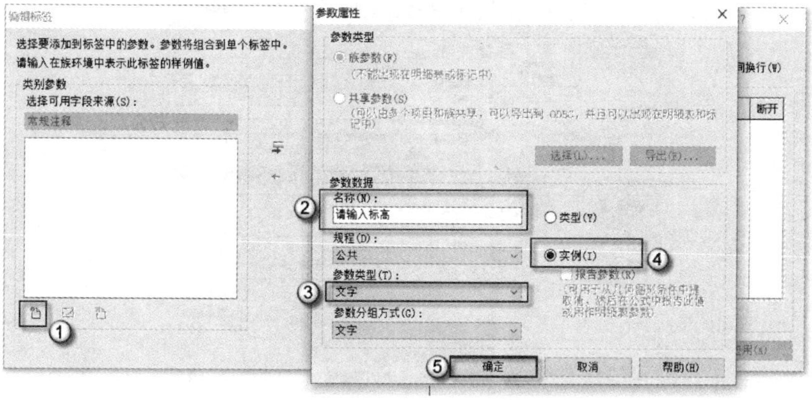

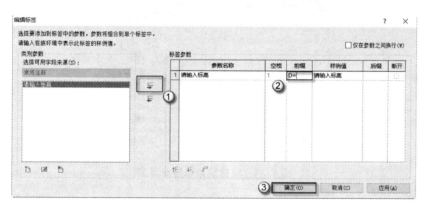

图 6.34 添加编辑标签

(3)编辑标签。选中"请输入标高"选项,单击【将参数添加到标签】按钮(①所在的位置),在【请输入标高】的【前缀】栏中输入"D="字样,单击【确定】按钮,如图 6.35 所示。

图 6.35 编辑标签

(4)编辑梁高标注族。选中梁高标注,单击【编辑类型】按钮,在弹出的【类型属性】对话框中设置【背景】为"透明"选项,【文字字体】选择"仿宋"选项,【宽度系数】中输入"0.7"个单位,如图 6.36 所示。单击【族类型】按钮,在弹出的【族类型】对话框中的【值】栏输入"标高"字样,如 6.37 所示。

(5)保存梁高标注族。单击【R】→【另存为】→【族】按钮,在弹出的【另存为】对话框中选择要保存的文件夹,在【文件名】栏中输入"梁高标注"字样,单击【保存】按钮,完成操作,如图 6.38 所示。单击【R】→【关闭】按钮,返回 Revit 主操作界面。

(6)插入梁高标注族。打开已绘制好的结构模型,在【项目浏览器】面板中选择【结构平面】→【二视图,单击【插入】→【载入族】按钮,在弹出的【载入族】对话框中选择之前编辑好的"梁高标注"族,单击【打开】按钮,如图 6.39 所示。

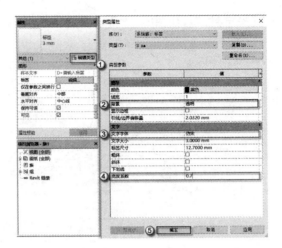

图 6.36 编辑梁高标注族

图 6.37 编辑梁高标注族类型

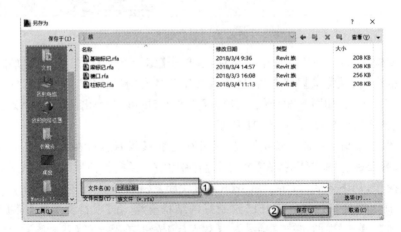

图 6.38 保存梁高标注族

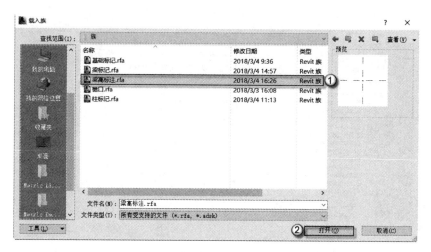

图 6.39　插入梁高标注族

（7）梁高标注。在【项目浏览器】面板中选择【视图】→【屋面】，按下【SY】键，将标注放置到相应位置。选择标注，在【请输入标高】栏输入"46.3～47.5"个单位，单击【应用】按钮，如图 6.40 所示。用同样的方法对其他梁高进行标注。

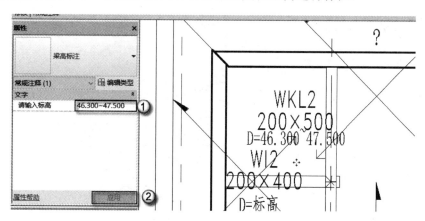

图 6.40　梁高标注

6.1.4　剪力墙的标记与标注

需要先建立剪力墙的标记族。在建立了标记族之后，可以用"按类别标记"命令，对项目文件中的剪力墙对象进行智能标记。这个命令可以自动读取剪力墙对象的类型名称，并标记到剪力墙附近。具体操作如下。

（1）新建剪力墙标记族。在【族】下单击【新建】按钮，在弹出的【打开】对话框中，选择【注释】→【公制常规注释. rft】族文件，然后单击【打开】按钮，如图 6.41 所示。

（2）添加编辑标签。单击【创建】→【标签】按钮，选择中心的位置，在弹出的【编辑标签】对话框中单击【添加参数】按钮（①所在的位置），在弹出的【参数属性】对话框

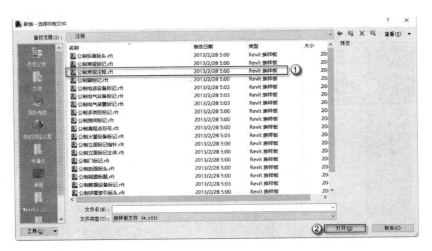

图 6.41　新建剪力墙标记族

中的【名称】栏中输入"剪力墙名称"字样,在【参数类型】栏选择"文字"选项,并选择"实例"选项,单击【确定】按钮,如图 6.42 所示。

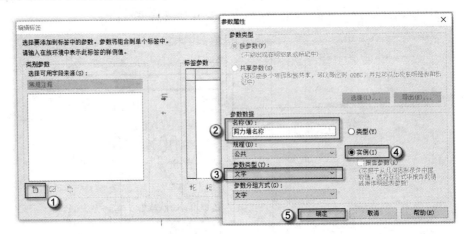

图 6.42　添加编辑标签

(3) 编辑标签。选中"剪力墙名称"选项,单击【将参数添加到标签】按钮(②所在的位置),单击【确定】按钮,如图 6.43 所示。

(4) 编辑剪力墙标记族。选中剪力墙标注,单击【编辑类型】按钮,在弹出的【类型属性】对话框中设置【背景】为"透明"选项,【文字字体】选择"仿宋"选项,【宽度系数】中输入"0.7"个单位,如图 6.44 所示。单击【族类型】按钮,在弹出的【族类型】对话框中的【值】栏输入"Q1"字样,单击【确定】按钮,如 6.45 所示。

(5) 保存剪力墙标记族。单击【R】→【另存为】→【族】按钮,在弹出的【另存为】对话框中选择要保存的文件夹,在【文件名】栏中输入"剪力墙标记"字样,单击【保存】按钮,完成操作,如图 6.46 所示。单击【R】→【关闭】按钮,返回 Revit 主操作界面。

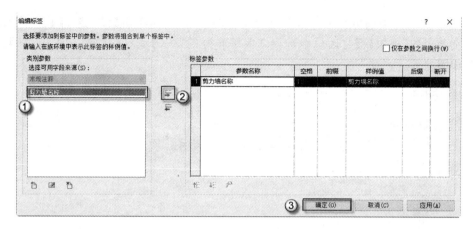

图 6.43 编辑标签

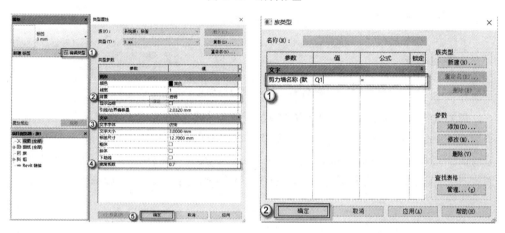

图 6.44 编辑剪力墙标记族   **图 6.45 编辑族类型**

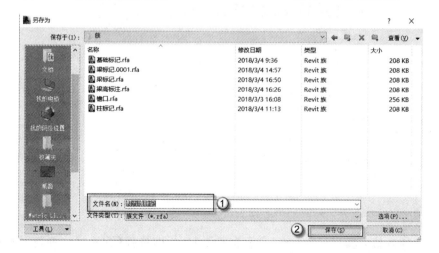

图 6.46 保存剪力墙标记族

(6) 插入剪力墙标记族。打开已绘制好的项目文件,单击【插入】→【载入族】按钮,在弹出的【载入族】对话框中选择之前编辑好的"剪力墙标记"族,单击【打开】按钮,如图 6.47 所示。

图 6.47 插入剪力墙标记族

(7) 选择剪力墙。在【项目浏览器】面板中选择【视图】→【二】,进入第二层结构平面视图,插入剪力墙标记族。由于难以分辨剪力墙以及其他结构,可以使用过滤器进行图元过滤,只显示剪力墙,便于更加方便地插入剪力墙标记族。选择视图中所有图元对象,单击【过滤器】,只选中"墙"图元,单击【确定】按钮即可,如图 6.48 所示。

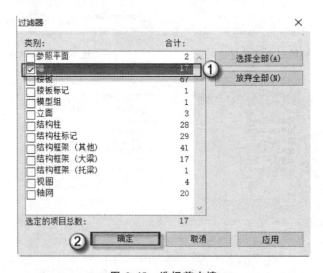

图 6.48 选择剪力墙

(8) 插入剪力墙标记族。在【项目浏览器】面板中选择【族】→【注释符号】→【剪力墙标记】,将其拖到剪力墙的位置,如图 6.49 所示。

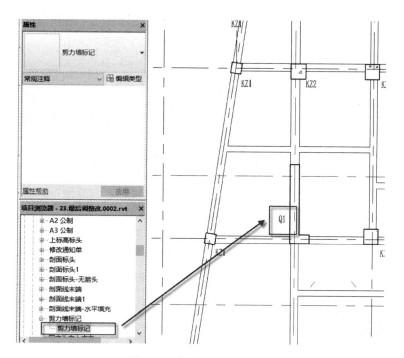

图 6.49　插入剪力墙标记族

（9）修改剪力墙名称。双击剪力墙标记，输入其名称，如图 6.50 所示。

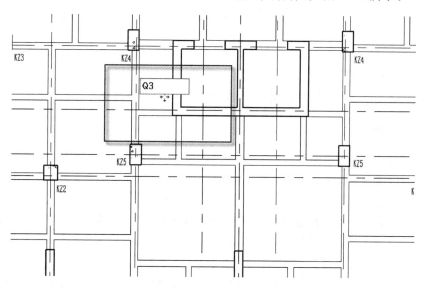

图 6.50　修改剪力墙名称

（10）按照上述方法标记其他剪力墙，完成二层剪力墙的标记，如图 6.51 所示。

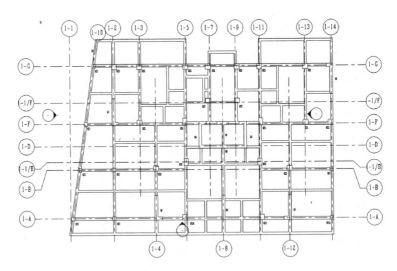

图 6.51 二层剪力墙标记

6.2 生成表

本节中将介绍结构施工图中的两个表:柱表与柱下基础表。这两个表的生成不仅要用到"明细表"命令,还要用到 Revit 中比较难理解的参数类型——共享参数。只有在构件族中增加相应的共享参数,才能在明细表中生成需要的字段,从而正确创建柱表与柱下基础表。

在 Revit 中生成的这两个表,不仅是给设计用的,而且可以进行一定的工程量统计。因为明细表可以增加"合计"字段,会自动计算柱或基础的数量,这体现了 BIM 技术的优势,从原来的设计、算量分开,到现在集成型的信息化模型。

6.2.1 柱表

现在的结构施工图,一般将柱的各项信息列在柱表中,方便施工时随时查阅,柱的平面图只提供定位信息。具体操作如下。

(1)创建共享参数。双击任意框架柱进入族编辑模式,单击【族类型】,在弹出的【族类型】对话框中选中【b】的尺寸标注,单击【参数】栏下的【修改】按钮,在弹出的【参数属性】对话框中选择"共享参数"参数类型,单击【选择】按钮,在弹出的【共享参数】对话框中单击【编辑】按钮,如图 6.52 所示。

(2)编辑共享参数。在弹出的【编辑共享参数】对话框中,单击【组】下的【新建】按钮,在弹出的【新参数组】对话框中的【名称】栏输入"柱"字样,单击【确定】按钮,如图 6.53 所示。单击【参数】下的【新建】按钮,在弹出的【参数属性】中的【名称】栏输入"柱-b"字样,单击【确定】按钮,如图 6.54 所示。使用同样的方法新建柱-h 共享参数,如图 6.55 所示。

图 6.52 创建共享参数

图 6.53 新建组

图 6.54 新建参数 1

图 6.55 新建参数 2

注意:在【族类型】对话框中,要用柱类型中的柱-h、柱-b 这两个共享参数分别去代替族参数 h、b,这样才能自动生成柱表。

(3)替换柱-b 共享参数。在【族类型】对话框中选择【b】的尺寸标注,单击【参数】栏下的【修改】按钮,在弹出的【参数属性】对话框中选择"共享参数"参数类型,单击【选择】按钮,在弹出的【共享参数】对话框中的【参数组】栏中选择"柱"组,在【参数】栏中选择"柱-b"参数,在每个对话框中均单击【确定】按钮,如图 6.56 所示

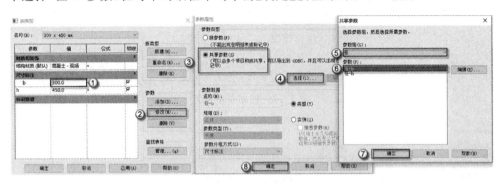

图 6.56　替换共享参数柱-b

注意:在 Revit 明细表中,能出现在【可用的字段】栏中的字段,除了系统自带的字段,还有设置的共享参数名称,所以才会将柱的一些族参数改为共享参数。

(4)替换柱-h 共享参数。在【族类型】对话框中选择【h】的尺寸标注,单击【参数】栏下的【修改】按钮,在弹出的【参数属性】对话框中选择"共享参数"参数类型,单击【选择】按钮,在弹出的【共享参数】对话框中的【参数组】栏中选择"柱"组,在【参数】栏中选择"柱-h"参数,在每个对话框中均单击【确定】按钮,如图 6.57 所示。

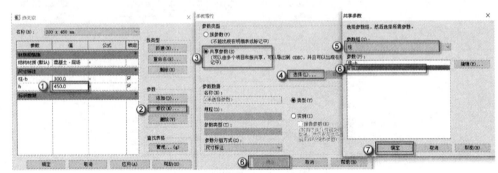

图 6.57　替换共享参数柱-h

注意:第 8 步中的改名主要是为了与施工图接轨。在 Revit 中为了方便查找,一般会使用"类型-X"的命名方式,如"柱-b";而在施工图中,为了施工方便会直接写成"b(数字轴)"字样,表明"b"是沿着数字轴方向的尺寸。

(5)替代原有族。用共享参数替代族参数后,单击【载入到项目中】,在弹出的【族已存在】对话框中单击【覆盖现有版本及其参数值】按钮,如图 6.58 所示。

(6)新建明细表。单击【视图】→【明细表】→【明细表/数量】,在弹出的【新建明细表】对话框的【过滤器列表】中选择"结构"选项,选择"结构柱"类别,在【名称】栏输入"柱表"字样,单击【确定】按钮,如图 6.59 所示。

(7)生成明细表。在弹出的【明细表属性】对话框中,依次将【可用的字段】栏中的"类型""顶部标高""底部标高""顶部偏移""柱-b""柱-h""合计"字段添加到【明细表字段】栏,如图 6.60 所示。单击【排序/成组】选项卡,选择"类型"排序方式,不勾选"逐项列举每个实例"复选框,单击【确定】按钮,如图 6.61 所示。

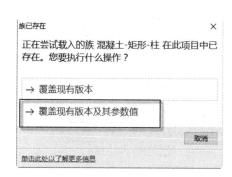

图 6.58 替代原有族

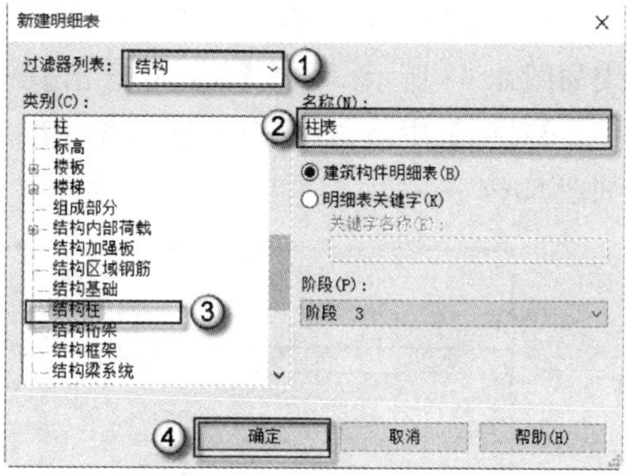

图 6.59 新建明细表

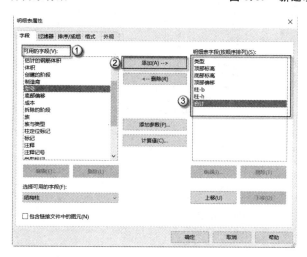

图 6.60 添加字段

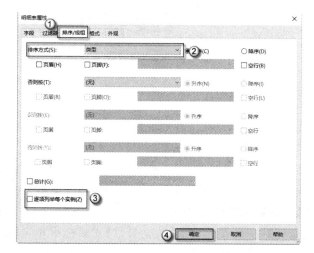

图 6.61 编辑成组

(8) 导出柱表。将"柱-b"、"柱-h"改为"b(数字轴)""h(字母轴)"字样,生成的柱表如图 6.62 所示。单击【R】→【导出】→【报告】→【明细表】按钮,在弹出的【导出明细表】对话框中单击【保存】按钮,在弹出的【导出明细表】对话框中单击【确定】按钮,如图 6.63 所示。

<结构柱明细表>

类型	顶部标高	底部标高	顶部偏移	b(数字轴)	h(数字轴)	合计
A	B	C	D	E	F	G
KZ1	二	基础顶	0	350	350	7
KZ1a	二	基础顶	0	350	350	1
KZ2	屋面	基础顶	0	500	500	9
KZ2A	屋面	基础顶	0	500	500	1
KZ3	屋面	基础顶	0	500	500	2
KZ4	屋面	基础顶	0	400	700	2
KZ5	屋面	基础顶	0	400	700	2
KZ6	梯间顶	基础顶	0			2
KZ7	屋面	基础顶	0	500	500	2
WLZ1	升起屋面	屋面				4
WLZ2	升起屋面	屋面	0	300	300	2
WLZ2a	机房	屋面	0	300	200	2
WLZ3	47.770	屋面	0	200	300	3
WLZ4	47.770	屋面	0			3

图 6.62 柱表

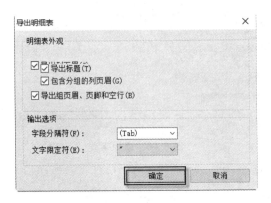

图 6.63 导出明细表

6.2.2 柱下基础表

现在的结构施工图一般将基础的各项信息列在基础表中,方便施工时随时查阅,基础的平面图只提供定位信息。具体操作如下。

(1) 创建参数组。在【项目浏览器】面板中选择【结构平面】→【基础顶】视图,双击任意基础进入族编辑模式,单击【族类型】,在弹出的【族类型】对话框中选中【h3】的尺寸标注,单击【参数】下的【修改】按钮,在弹出的【参数属性】对话框中选择"共享参数"类型,单击【选择】按钮,在弹出的【共享参数】对话框中单击【编辑】按钮,如图 6.64所示。

(2) 编辑参数组。在弹出的【编辑共享参数】对话框中单击【新建】按钮,在弹出

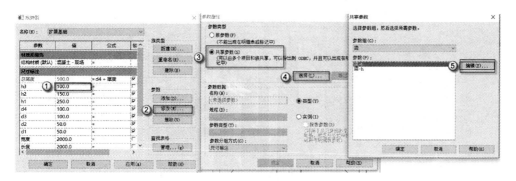

图 6.64 新建参数组

的【新参数组】对话框中的【名称】栏输入"基础"字样，单击【确定】按钮，如图 6.65 所示。

（3）新建参数。单击【参数】栏下的【新建】按钮，在弹出的【参数属性】对话框中的【名称】栏输入"基础-h3"字样，单击【确定】按钮，如图 6.66 所示。用同样的方法新建基础-h2、基础-h1、基础-d4、基础-d3、基础-d2、基础-d1、基础-Hc、基础-Bc 参数。

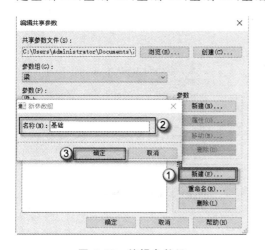

图 6.65 编辑参数组

图 6.66 新建参数

（4）替换共享参数。在【共享参数】对话框中，选择"基础"参数组，选择"基础-h3"参数，单击【确定】按钮，如图 6.67 所示。同样，将其他族参数替换成为基础-h2、基础-h1、基础-d4、基础-d3、基础-d2、基础-d1、基础-Hc、基础-Bc。替换共享参数完成后如图 6.68 所示。

（5）替代原有族。单击【载入到项目中】，在弹出的【族已存在】对话框中单击【覆盖现有版本及其参数值】按钮，如图 6.69 所示。

（6）新建明细表。单击【视图】→【明细表】→【明细表/数量】，在弹出的【新建明细表】对话框中选择"结构基础"类别，在【名称】栏输入"柱下基础表"字样，单击【确定】按钮，如图 6.70 所示。

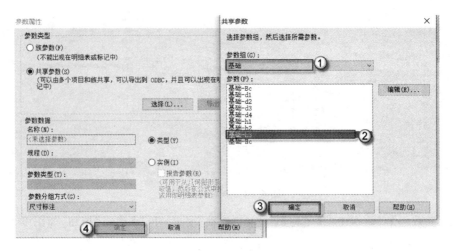

图 6.67 替换共享参数

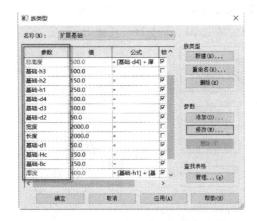

图 6.68 完成替换共享参数

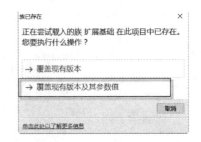

图 6.69 覆盖现有版本及其参数值

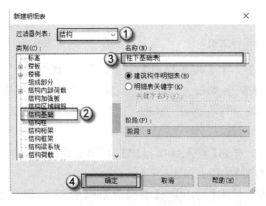

图 6.70 新建明细表

（7）生成明细表。在弹出的【明细表属性】对话框中，分别将【可用的字段】栏中的"类型""长度""宽度""基础-Bc""基础-d1""基础-d2""基础-d3""基础-d4""基础-h1""基础-h2""基础 h3""基础-Hc""标高""合计"字段添加到【明细表字段】栏中，如图 6.71 所示。单击【排序/成组】选项卡，选择"类型"排序方式，不勾选"逐项列举每个实例"复选框，单击【确定】按钮，如图 6.72 所示。

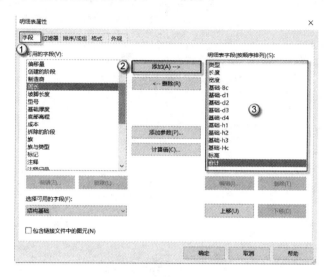

图 6.71　添加字段

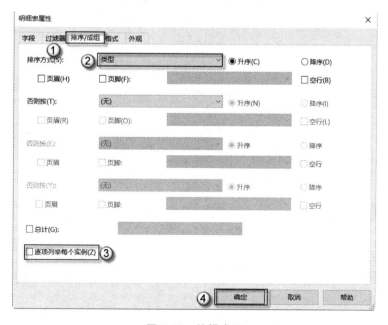

图 6.72　编辑成组

（8）导出柱下基础表。生成的柱下基础表如图 6.73 所示。单击【R】→【导出】→【报告】→【明细表】按钮，在弹出的【导出明细表】对话框中单击【保存】按钮，在弹出的【导出明细表】对话框中单击【确定】按钮，如图 6.74 所示。

类型	长度	宽度	基础-Bc	基础-d1	基础-d2	基础-d3	基础-d4	基础-h1	基础-h2	基础-h3	基础-Hc	标高	合计
CT1	2800	1000										基础顶	6
CT3	3150	1000										基础顶	1
CT4	4600	1000										基础顶	3
CT5	4700	1000										基础顶	2
CT6	5800	1000										基础顶	1
CT7	8200	1000										基础顶	1
CT8	8400	1000										基础顶	1
CT10												基础顶	2
CT11												基础顶	1
J1	2000	2000	350	50	50	100	100	250	150	100	350	基础顶	4
J2	2600	2600	350	50	50	100	100	300	250	100	350	基础顶	2
J3	2800	2800	900	50	50	100	100	300	300	100	350	基础顶	2

图 6.73　柱下基础表

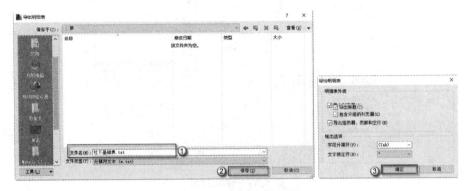

图 6.74　导出柱下基础表

第7章　结构专业工程量统计

在 Revit 中统计算量主要是使用"明细表"功能。明细表以表格形式显示信息，这些信息是从项目中的图元属性中提取的。明细表可以列出要编制明细表的图元类型的每个实例，或根据明细表的成组标准将多个实例压缩到一行中。

可以在设计过程中的任何时候创建明细表。如果对项目的修改会影响明细表，明细表将自动更新以反映这些修改。同样可以将明细表添加到图纸中，或将明细表导到其他软件程序中，如电子表格程序 Excel。在修改项目时、修改建筑构件的属性时，所有明细表都会自动更新。例如修改门窗的尺寸时，相关联的明细表中的门窗玻璃材质的面积、体积会随之变化。

7.1　地下部分

本例选用的是 15 层的高层建筑，没有地下室。地下部分主要包括桩、承台、扩展基础等结构构件。一般要注意对构件的材质进行分类命名，如果命名不准确，Revit 无法进行工程量的统计，在建模时就应该注意材质名称的设置。

7.1.1　桩混凝土用量

桩基础采用的是钢筋混凝土材质，此处只需要统计其混凝土的体积。混凝土的标号可以根据设计要求在输出 Excel 表格之后再进行修改。

（1）修改材质名称，按下【F4】键，打开三维视图，双击其中任意一根桩，进入桩的族编辑界面，修改材质名称。在【属性】面板里，单击【…】按钮准备修改材质名称，如图 7.1 所示。

注意：此处修改材质名称是为了后面能正确导出桩混凝土用量，与基础区分开来，若前期在建模时已经区分命名则此处不需要修改。

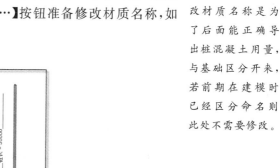

图 7.1　修改材质名称

（2）修改材质。在弹出的【材质浏览器】对话框中,右击"混凝土-现场浇注混凝土"材质,选择【复制】命令,复制生成"混凝土-桩基础现场浇注混凝土"新材质即可,单击【确定】按钮完成修改,如图 7.2 所示。单击【载入到项目中】弹出【族已存在】对话框,单击【覆盖现有版本及其参数值】,返回 Revit 主操作界面,如图 7.3 所示。

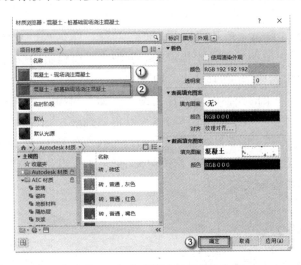

图 7.2　完成修改材质名称

注意:修改族之后,会将族再次载入项目之中。由于族进行了更新,所以再次载入时会出现【族已存在】这个对话框,一定要点击【覆盖现有版本及其参数值】,这样更新才是最彻底的。

（3）新建材质提取。返回 Revit 主操作界面后,导出桩混凝土用量表,单击【视图】→【明细表】→【材质提取】,弹出【新建材质提取】对话框,在【过滤器列表】中选择"结构"选项,在【类别】栏选择"结构基础"选项,在【名称】一栏中将名称修改为"桩混凝土用量表",单击【确定】按钮,如图 7.4 所示。

图 7.3　覆盖现有版本及其参数值

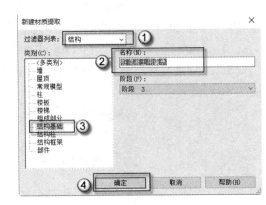

图 7.4　新建材质提取

（4）添加材质提取属性。在弹出的【材质提取属性】对话框中,选择【字段】选项卡,在【可用的字段】中选择"材质:名称""材质:体积"两项,单击【添加】按钮,将这两个属性添加到【明细表字段】框里,如图 7.5 所示。单击【过滤器】选项卡,在【过滤条件】后的第一个下拉框中选择"材质:名称",第二个下拉框中选择"等于",第三个下拉框中选择"混凝土-桩基础现场浇注混凝土",如图 7.6 所示。

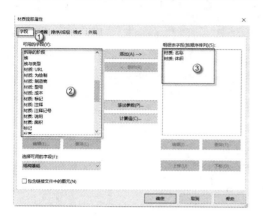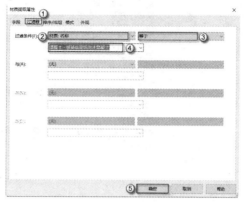

图 7.5　添加材质提取属性 1　　　　　图 7.6　添加材质提取属性 2

(5) 生成桩混凝土用量表。继续修改【排序/成组】选项卡,在【排序方式】下拉框中选择"材质:名称",不勾选"逐项列举每个实例"选项,如图 7.7 所示。修改【格式】选项卡,在【字段】下面选择"材质:体积",勾选"计算总数"选项,如图 7.8 所示,单击【确定】按钮完成生成桩混凝土用量表。

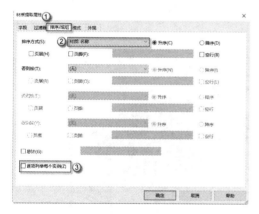

图 7.7　修改【排序/成组】选项卡　　　　图 7.8　修改【格式】选项卡

(6) 导出并保存桩混凝土用量表。自动生成桩混凝土用量表,如图 7.9 所示。单击【程序】→【导出】→【报告】→【明细表】按钮,在弹出的【导出明细表】对话框中单击【保存】按钮,在弹出的【导出明细表】对话框中单击【确定】按钮,如图 7.10 所示。

<桩混凝土用量>	
A	B
材质:名称	材质:体积
混凝土-桩基础现场浇注混凝土	268.23 m³

图 7.9　导出桩混凝土用量表

图 7.10　保存

7.1.2　承台混凝土用量

承台采用的是钢筋混凝土材质,此处只需要统计其混凝土的体积。混凝土的标号可以根据设计要求,在输出 Excel 表格之后再进行修改。

(1) 修改材质名称。按下【F4】键,打开三维视图,双击其中任意一个承台,进入承台族编辑界面,修改材质名称。在【属性】面板里,单击【…】按钮准备修改材质名称,如图 7.11 所示。

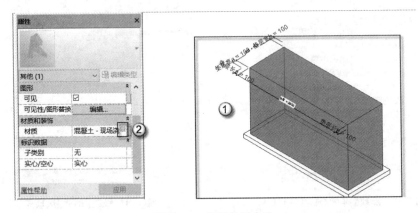

图 7.11　修改材质名称

(2) 修改材质。在弹出的【材质浏览器】对话框中,右击"混凝土-现场浇注混凝土"材质,选择【复制】命令,复制生成"混凝土-承台基础现场浇注混凝土"新材质即可,单击【确定】按钮完成修改,如图 7.12 所示。单击【载入到项目中】弹出【族已存在】对话框,单击【覆盖现有版本及其参数值】,返回 Revit 主操作界面,如图 7.13 所示。

(3) 新建材质提取。返回 Revit 主操作界面后,导出承台混凝土用量表,单击【视图】→【明细表】→【材质提取】,弹出【新建材质提取】对话框,在【过滤器列表】中选择"结构"选项,在【类别】中选择"结构基础"选项,在【名称】一栏中将名称修改为"承台混凝土用量",单击【确定】按钮,如图 7.14 所示。

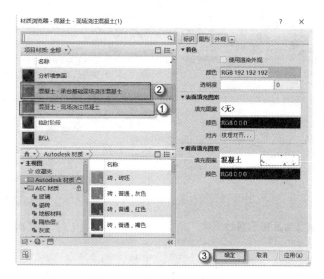

图 7.12 完成修改材质名称

图 7.13 覆盖现有版本及其参数值

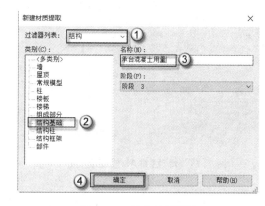

图 7.14 新建材质提取

（4）添加材质提取属性。在弹出的【材质提取属性】对话框中，选择【字段】选项卡，在【可用的字段】中选择"材质：名称""材质：体积"两项，单击【添加】按钮，将这两个属性添加到【明细表字段】框里，如图 7.15 所示。单击【过滤器】选项卡，在【过滤条件】后的第一个下拉框中选择"材质：名称"，第二个下拉框中选择"等于"，第三个下拉框中选择"混凝土-承台基础现场浇注混凝土"，单击【确定】按钮添加材质提取属性，如图7.16所示。

（5）生成承台混凝土用量表。继续修改【排序/成组】选项卡，在【排序方式】下拉框中，选择"材质：名称"选项，不勾选"逐项列举每个实例"选项，如图 7.17 所示。修改【格式】选项卡，在【字段】下面选择"材质：体积"，勾选"计算总数"选项，单击【确定】按钮，如图 7.18 所示。完成生成承台混凝土用量表。

（6）导出并保存承台混凝土用量表。导出承台混凝土用量表，如图 7.19 所示。

注意：在 Revit 的结构专业中，基础有很多类别。此处用过滤器以材质的名称选择承台构件，可以去掉其他不需要的类别。

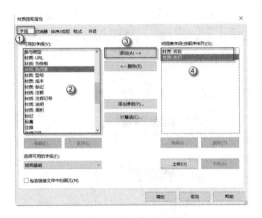

图 7.15　添加材质提取属性 1

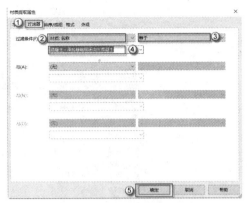

图 7.16　添加材质提取属性 2

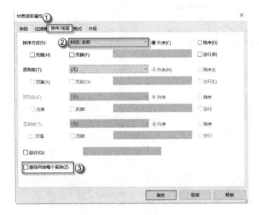

图 7.17　修改【排序/成组】选项卡

图 7.18　修改【格式】选项卡

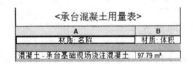

图 7.19　导出承台混凝土用量表

单击【程序】→【导出】→【报告】→【明细表】按钮,在弹出的【导出明细表】对话框中单击【保存】按钮,在弹出的【导出明细表】对话框中单击【确定】按钮,如图 7.20 所示。

7.1.3　扩展基础混凝土用量

扩展基础采用的是钢筋混凝土材质,此处只需要统计其混凝土的体积。混凝土的标号可以根据设计要求,在输出 Excel 表格之后再进行修改。

(1) 修改材质名称。按下【F4】键,打开三维视图,双击其中任意一个扩展基础,进入族编辑界面,修改材质名称。在【属性】面板里,单击【…】按钮准备修改材质名称,如图 7.21 所示。

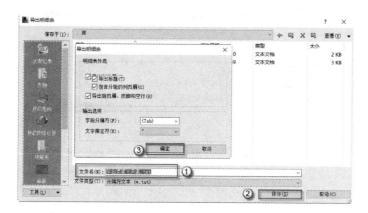

图 7.20 保存

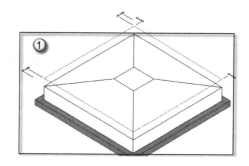

图 7.21 修改材质名称

（2）修改材质。在弹出的【材质浏览器】对话框中，选中"混凝土-现场浇注混凝土"，右击"混凝土-现场浇注混凝土"材质，选择【复制】命令，复制生成"混凝土-扩展基础现场浇注混凝土"新材质即可，单击【确定】按钮完成修改，如图 7.22 所示。单击【载入到项目中】，弹出【族已存在】对话框，单击【覆盖现有版本及其参数值】，返回 Revit 主操作界面，如图 7.23 所示。

（3）新建材质提取。返回 Revit 主操作界面后，导出扩展基础混凝土用量表。单击【视图】→【明细表】→【材质提取】，弹出【新建材质提取】对话框，在【过滤器列表】中选择"结构"选项，在【类别】中选择"结构基础"选项，在【名称】一栏中将名称修改为"扩展基础混凝土用量"，单击【确定】按钮，如图 7.24 所示。

（4）添加材质提取属性。在弹出的【材质提取属性】对话框中，选择【字段】选项卡，在【可用的字段】中选择"材质:名称""材质:体积"两项，单击【添加】按钮，将这两个属性添加到【明细表字段】框里，如图 7.25 所示。单击【过滤器】选项卡，在【过滤条件】后的第一个下拉框中选择"材质:名称"，第二个下拉框中选择"等于"，第三个下拉框中选择"混凝土-扩展基础现场浇注混凝土"，单击【确定】按钮添加材质提取属性，如图 7.26 所示。

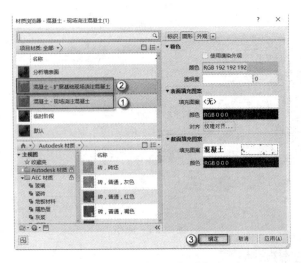

图 7.22　完成修改材质名称

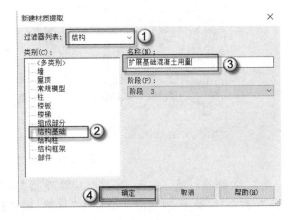

图 7.23　覆盖现有版本及其参数值　　　图 7.24　新建材质提取

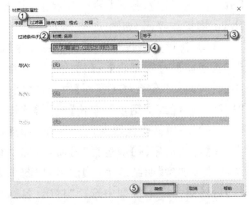

图 7.25　添加材质提取属性 1　　　图 7.26　添加材质提取属性 2

（5）生成扩展基础混凝土用量表。继续修改【排序/成组】选项卡，在【排序方式】
下拉框中，选择"材质:名称"，不勾选"逐项列举每个实例"选项，如图 7.27 所示。修
改【格式】选项卡，在【字段】下面选择"材质:体积"，勾选"计算总数"选项，如图 7.28
所示。单击【确定】按钮完成生成扩展基础混凝土用量表。

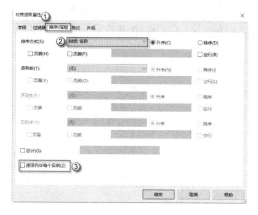
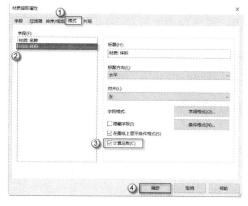

图 7.27　修改【排序/成组】选项卡　　　　图 7.28　修改【格式】选项卡

（6）导出并保存扩展基础混凝土用量表。导出扩展基础混凝土用量表，如图
7.29所示。单击【程序】→【导出】→【报告】→【明细表】按钮，在弹出的【导出明细表】
对话框中单击【保存】按钮，在弹出的【导出明细表】对话框中单击【确定】按钮，如图
7.30 所示。

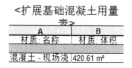

图 7.29　导出扩展基础混凝土用量表

图 7.30　保存

7.2 地上部分

地上部分是建筑的主体部分,包括剪力墙、梁、板、柱这四类主要结构构件。虽然这些构件都是混凝土材质的,但是根据其受压、受弯的不同,混凝土标号会不一样。因此要分门别类地进行统计,混凝土标号在最后的 Excel 文件中进行修改。

7.2.1 梁混凝土用量

梁采用的是钢筋混凝土材质,此处只需要统计其混凝土的体积。混凝土的标号可以根据设计要求,在输出 Excel 表格之后再进行修改。

(1) 新建材质提取。在 Revit 主操作界面,单击【视图】→【明细表】→【材质提取】,弹出【新建材质提取】对话框,在【过滤器列表】中选择"结构"选项,在【类别】栏中选择"结构框架"选项,在【名称】一栏中将名称修改为"梁混凝土用量",单击【确定】按钮,如图 7.31 所示。

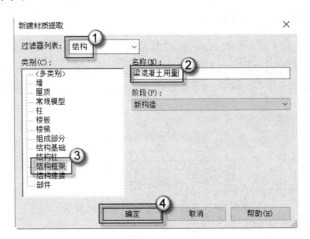

图 7.31　新建材质提取

(2) 添加材质提取属性。在弹出的【材质提取属性】对话框中,选择【字段】选项卡,在【可用的字段】栏中选择"材质:名称""材质:体积"两项,单击【添加】按钮,将这两个属性添加到【明细表字段】框里,如图 7.32 所示。单击【过滤器】选项卡,在【过滤条件】后的第一个下拉框中选择"材质:名称",第二个下拉框中选择"等于",第三个下拉框中选择"混凝土-现场浇注混凝土",单击【确定】按钮添加材质提取属性,如图 7.33所示。

(3) 生成梁混凝土用量表。继续修改【排序/成组】选项卡,在【排序方式】下拉框中,选择"材质:名称"选项,不勾选"逐项列举每个实例"选项,如图 7.34 所示。修改【格式】选项卡,在【字段】下面选择"材质:体积"选项,勾选"计算总数"选项,如图7.35所示。单击【确定】按钮完成生成梁混凝土用量表。

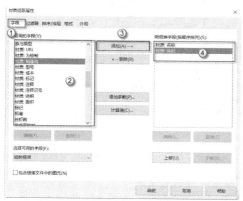

图 7.32　添加材质提取属性 1

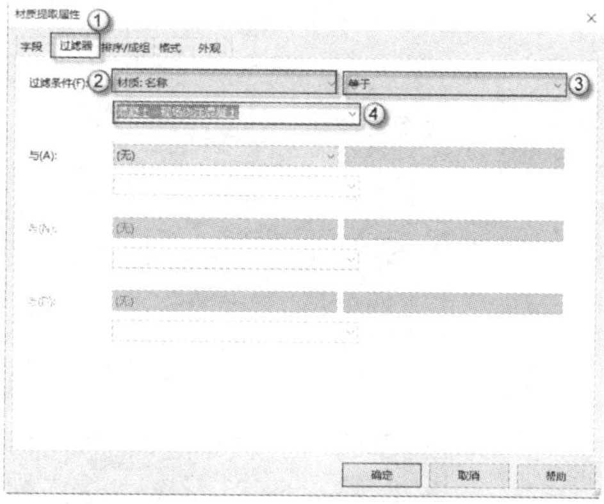

图 7.33　添加材质提取属性 2

图 7.34　修改【排序/成组】选项卡

图 7.35　修改【格式】选项卡

<梁混凝土用量>	
A	B
材质: 名称	材质: 体积
混凝土 - 现场浇注混凝土	280.07 m³

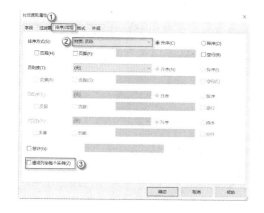

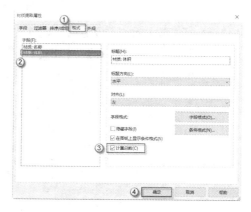

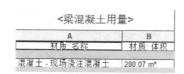

图 7.36　导出梁混凝土用量表

(4) 导出并保存梁混凝土用量表。导出梁混凝土用量表，如图 7.36 所示。单击【程序】→【导出】→【报告】→【明细表】按钮，在弹出的【导出明细表】对话框中单击【保存】按钮，在弹出的【导出明细表】对话框中单击【确定】按钮，如图 7.37 所示。

7.2.2　板混凝土用量

板采用的是钢筋混凝土材质，此处只需要统计其混凝土的体积。混凝土的标号可以根据设计要求，在输出 Excel 表格之后再进行修改。

(1) 新建材质提取。在 Revit 主操作界面，单击【视图】→【明细表】→【材质提

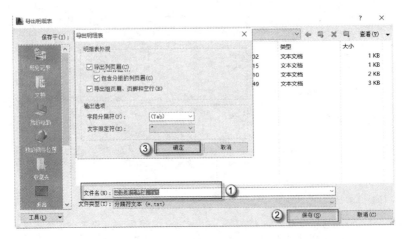

图 7.37　保存

取】,弹出【新建材质提取】对话框,在【过滤器列表】中选择"结构"选项,在【类别】栏中选择"楼板"选项,在【名称】一栏中将名称修改为"板混凝土用量",单击【确定】按钮,如图 7.38 所示。

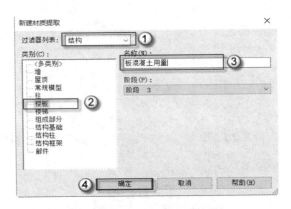

图 7.38　新建材质提取

(2)添加材质提取属性。在弹出的【材质提取属性】对话框中,选择【字段】选项卡,在【可用的字段】中选择"材质:名称""材质:体积"两项,单击【添加】按钮,将这两个属性添加到【明细表字段】框里,如图 7.39 所示。单击【过滤器】选项卡,在【过滤条件】后的第一个下拉框中选择"材质:名称",第二个下拉框中选择"等于",第三个下拉框中选择"混凝土-现场浇注混凝土",单击【确定】按钮添加材质提取属性,如图 7.40所示。

(3)生成板混凝土用量表。继续修改【排序/成组】选项卡,在【排序方式】下拉框中,选择"材质:名称",不勾选"逐项列举每个实例",如图 7.41 所示。修改【格式】选项卡,在【字段】下面选择"材质:体积",勾选"计算总数"选项,如图 7.42 所示。单击【确定】按钮完成生成板混凝土用量表。

图 7.39 添加材质提取属性 1

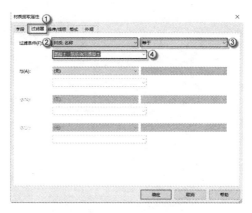

图 7.40 添加材质提取属性 2

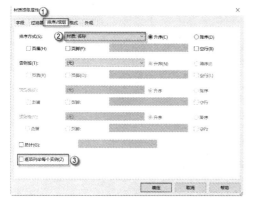

图 7.41 修改【排序/成组】选项卡

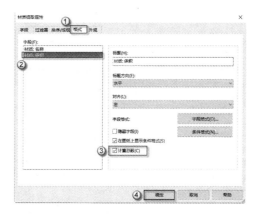

图 7.42 修改【格式】选项卡

（4）导出并保存板混凝土用量表。导出板混凝土用量表，如图 7.43 所示。单击【程序】→【导出】→【报告】→【明细表】按钮，在弹出的【导出明细表】对话框中单击【保存】按钮，在弹出的【导出明细表】对话框中单击【确定】按钮，如图 7.44 所示。

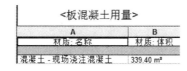

图 7.43 导出板混凝土用量表

7.2.3 柱混凝土用量

柱采用的是钢筋混凝土材质，此处只需要统计其混凝土的体积。混凝土的标号可以根据设计要求，在输出 Excel 表格之后再进行修改。

（1）新建材质提取。在 Revit 主操作界面，单击【视图】→【明细表】→【材质提

图 7.44 保存

取】,弹出【新建材质提取】对话框,在【过滤器列表】中选择"结构"选项,在【类别】栏中选择"结构柱"选项,在【名称】一栏中将名称修改为"柱混凝土用量",单击【确定】按钮,如图 7.45 所示。

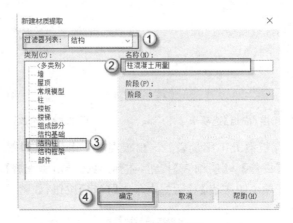

图 7.45 新建材质提取

(2)添加材质提取属性。在弹出的【材质提取属性】对话框中,选择【字段】选项卡,在【可用的字段】中选择"材质:名称""材质:体积"两项,单击【添加】按钮,将这两个属性添加到【明细表字段】框里,如图 7.46 所示。单击【过滤器】选项卡,在【过滤条件】后的第一个下拉框中选择"材质:名称",第二个下拉框中选择"等于",第三个下拉框中选择"混凝土-现场浇注混凝土",单击【确定】按钮添加材质提取属性,如图 7.47 所示。

(3)生成柱混凝土用量表。继续修改【排序/成组】选项卡,在【排序方式】下拉框中,选择"材质:名称",不勾选"逐项列举每个实例",如图 7.48 所示。修改【格式】选

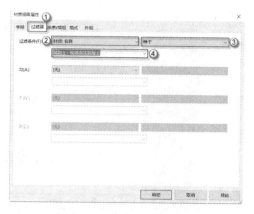

图 7.46　添加材质提取属性 1　　　　**图 7.47　添加材质提取属性 2**

项卡,在【字段】下面选择"材质:体积",勾选"计算总数"选项,如图 7.49 所示。单击【确定】按钮完成生成柱混凝土用量表。

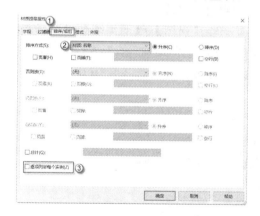
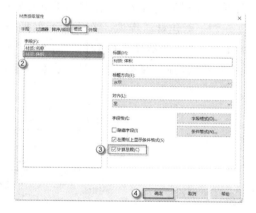

图 7.48　修改【排序/成组】选项卡　　　**图 7.49　修改【格式】选项卡**

（4）导出并保存柱混凝土用量表。导出柱混凝土用量表,如图 7.50 所示。单击【程序】→【导出】→【报告】→【明细表】按钮,在弹出的【导出明细表】对话框中单击【保存】按钮,在弹出的【导出明细表】对话框中单击【确定】按钮,如图 7.51 所示。

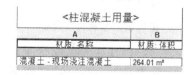

图 7.50　导出柱混凝土用量表

7.2.4　剪力墙混凝土用量

剪力墙采用的是钢筋混凝土材质,此处只需要统计其混凝土的体积。混凝土的

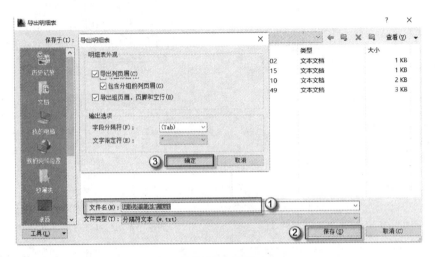

图 7.51 保存

标号可以根据设计要求,在输出 Excel 表格之后再进行修改。

(1)新建材质提取。在 Revit 主操作界面,单击【视图】→【明细表】→【材质提取】,弹出【新建材质提取】对话框,在【过滤器列表】中选择"结构"选项,在【类别】栏中选择"墙"选项,在【名称】一栏中将名称修改为"剪力墙材质提取",单击【确定】按钮,如图 7.52 所示。

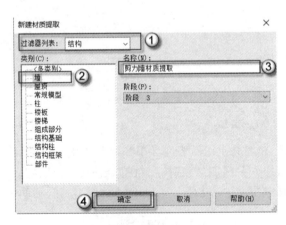

图 7.52 新建材质提取

(2)添加材质提取属性。在弹出的【材质提取属性】对话框中,选择【字段】选项卡,在【可用的字段】中选择"材质:名称""材质:体积"两项,单击【添加】按钮,将这两个属性添加到【明细表字段】框里,如图 7.53 所示。单击【过滤器】选项卡,在【过滤条件】后的第一个下拉框中选择"材质:名称",第二个下拉框中选择"等于",第三个下拉框中选择"混凝土-现场浇注混凝土",单击【确定】按钮添加材质提取属性,如图 7.54 所示。

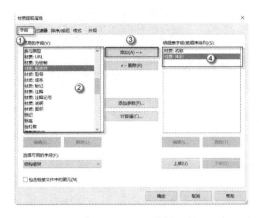

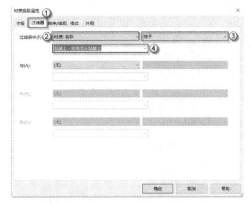

图 7.53 添加材质提取属性 1　　　　　　图 7.54 添加材质提取属性 2

（3）生成剪力墙材质提取表。继续修改【排序/成组】选项卡，在【排序方式】下拉框中，选择"材质：名称"选项，不勾选"逐项列举每个实例"选项，如图 7.55 所示。修改【格式】选项卡，在【字段】下面选择"材质：体积"选项，勾选"计算总数"选项，如图 7.56 所示。单击【确定】按钮完成生成剪力墙材质提取表。

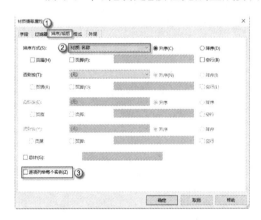

图 7.55 修改【排序/成组】选项卡　　　　图 7.56 修改【格式】选项卡

（4）导出并保存剪力墙材质提取表。导出剪力墙材质提取表，如图 7.57 所示。单击【程序】→【导出】→【报告】→【明细表】按钮，在弹出的【导出明细表】对话框中单击【保存】按钮，在弹出的【导出明细表】对话框中单击【确定】按钮，如图 7.58 所示。

<剪力墙材质提取>

A	B
材质：名称	材质：体积
混凝土 - 现场浇注混凝土	248.93 m³

图 7.57 导出剪力墙材质提取表

图 7.58 保存

附录 A   Revit 常用快捷键

在使用 Revit 进行建筑、结构、设备三大专业的设计绘图时，都需要使用快捷键进行操作，从而提高设计、建模、作图和修改的效率。与 AutoCAD 的不定位数字加字母的快捷键不同，与 3ds Max 的【Ctrl】、【Shift】、【Alt】键加字母的组合式快捷键也不同，Revit 的快捷键都是两个字母。如"轴网"命令【GR】的操作，就是依次快速按下键盘上的【G】、【R】键，而不是同时按下【G】和【R】键不放。

请读者朋友们注意从本书中学习作者用快捷键操作 Revit 的习惯。表 A.1 中给出了 Revit 中常见的快捷键使用方式，以方便读者经常查阅。

表 A.1   Revit 常用快捷键

类别	快捷键	命令名称	备注
建筑	W+A	墙	
	D+R	门	
	W+N	窗	
	L+L	标高	
	G+R	轴网	
结构	B+M	梁	
	S+B	楼板	
	C+L	柱	
共用	R+P	参照平面	
	T+L	细线	
	D+I	对齐尺寸标注	
	T+G	按类别标记	
	S+Y	符号	需要自定义
	T+X	文字	
	C+M	放置构件	

类别	快捷键	命令名称	备注
编辑	A+L	对齐	
	M+V	移动	
	C+O	复制	
	R+O	旋转	
	M+M	有轴镜像	
	D+M	无轴镜像	
	T+R	修剪或延伸图元	
	S+L	拆分图元	
	P+N	解锁	
	U+P	锁定	
	G+P	创建组	
	O+F	偏移	
	R+E	缩放	
	A+R	阵列	
	D+E	删除	
	M+A	类型属性匹配	
	C+S	创建类似	
	R+3(或 Space)	定义旋转中心	
视图	F4	默认三维视图	需要自定义
	F8	视图控制盘	
	V+V	可见性/图形	
	Z+R	区域放大	
	Z+F(或双击滚轮)	缩放匹配	
	Z+P	上一次缩放	
视觉样式	W+F	线框	
	H+L	隐藏线	
	S+D	着色	
	G+D	图形显示选项	
临时隐藏/隔离	H+H	临时隐藏图元	
	H+C	临时隐藏类别	
	H+I	临时隔离图元	
	I+C	临时隔离类别	
	H+R	重设临时隐藏/隔离	

续表

类别	快捷键	命令名称	备注
视图隐藏	E+H	在视图中隐藏图元	
	V+H	在视图中隐藏类别	
	R+H	显示隐藏的图元	
选择	S+A	在整个项目中选择全部实例	
	R+C(或 Enter)	重复上一次命令	
	Ctrl+←	重复上一次选择集	
捕捉替代	S+R	捕捉远距离对象	
	S+Q	象限点	
	S+P	垂足	
	S+N	最近点	
	S+M	中点	
	S+I	交点	
	S+E	端点	
	S+C	中心	
	S+T	切点	
	S+S	关闭替换	
	S+Z	形状闭合	
	S+O	关闭捕捉	

自定义快捷键的方法是,选择菜单栏中的【文件】→【选项】,在弹出的【选项】面板中,选择【用户界面】选项卡,单击【快捷键】栏的【自定义】按钮,在弹出的【快捷键】面板找到需要自定义快捷键的命令,如图 A.1 所示。

图 A.1　自定义快捷键 1

　　或者按【KS】键,在弹出的【快捷键】对话框中找到需要自定义快捷键的命令,在【按新键】栏中输入相应快捷键,单击【确定】按钮完成操作,如图 A.2 所示。

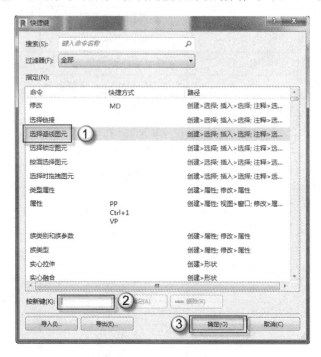

图 A.2　自定义快捷键 2

附录 B　　轴　　网

轴网平面图如图 B.1 所示。

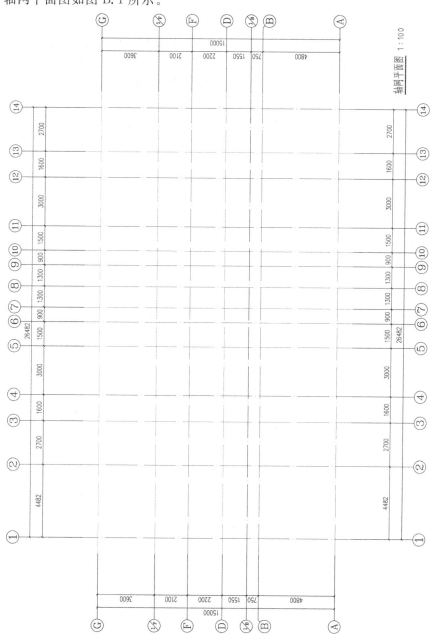

轴网平面图 1∶100

附录 C　建筑与结构专业标高对照

本书案例采用 15 层的框架-剪力墙结构的高层住宅。地面之下无建筑标高,一层无结构标高。一层、二层为商铺,一层层高为 5.4 m,二层层高为 4.5 m。三层至十五层为住宅,层高皆为 2.8 m。同楼层结构专业标高比建筑专业标高低 30 mm。两个专业的详细标高对照如表 C.1 所示。

表 C.1　建筑与结构专业标高对照

层号	建筑标高/m	结构标高/m	高差/mm	层高/m
屋顶	46.300	46.270	30	—
15	43.500	43.470	30	2.800
14	40.700	40.670	30	2.800
13	37.900	37.870	30	2.800
12	35.100	35.070	30	2.800
11	32.300	32.270	30	2.800
10	29.500	29.470	30	2.800
9	26.700	26.670	30	2.800
8	23.900	23.870	30	2.800
7	21.100	21.070	30	2.800
6	18.300	18.270	30	2.800
5	15.500	15.470	30	2.800
4	12.700	12.670	30	2.800
3	9.900	9.870	30	2.800
2	5.400	5.370	30	4.500
1	±0.000	—	30	5.400
基础顶	—	−1.700	—	—
桩顶	—	−3.200	—	—

附录 D 毕业设计题目(结构专业)

表 D.1 中列出了一部分可供参照的毕业设计题目。

表 D.1 毕业设计题目(结构专业)

序号	毕业设计题目(结构专业)
1	××市××区世纪外滩酒店建筑信息模型(BIM)设计(结构专业)
2	××市儿童医院内科综合楼建筑信息模型(BIM)设计(结构专业)
3	××新区妇幼儿童保健中心建筑信息模型(BIM)设计(结构专业)
4	××大学××医院教学科研楼建筑信息模型(BIM)设计(结构专业)
5	××3号楼建筑信息模型(BIM)设计(结构专业)
6	××医科大学××学院大学生活动中心建筑信息模型(BIM)设计(结构专业)
7	××医科大学××学院药学系楼建筑信息模型(BIM)设计(结构专业)
8	××学院综合楼建筑信息模型(BIM)设计(结构专业)
9	××市××区××街广场××酒店建筑信息模型(BIM)设计(结构专业)